엔트로피와 기

볼츠만과 최한기의 물질관 비교

Entropy and Gi
A Comparative Study on the View of Matter of Boltzmann and Choi Han-Ki
by Kyung kon Bang, Jean sou Moun and Woo bung Lee

Copyright © Kyung kon Bang, Jean sou Moun and Woo bung Lee, 2010
All rights reserved.

SOGANG, Busan, Korea, 2010

엔트로피와 기
볼츠만과 최한기의 물질관 비교

방경곤 · 문장수 · 이우붕

Entropy and Gi
A Comparative Study on the View of Matter of Boltzmann and Choi Han-Ki

소강

머리말

고대로부터 현대의 기술 문명이 있기까지 어떤 과학 이론적 배경이 정립되었으며 현대를 지배하고 있는 패러다임은 무엇인가?

서양 학문의 시조라 불리는 탈레스 이후 무려 2,500여 년 동안 각 시대를 지배해 온 패러다임은 여러 가지 방식으로 등장했다. 중세기의 신(神) 중심적 패러다임을 거쳐 르네상스 이후로는 물질 문명의 바탕이 되는 17세기의 뉴턴 물리학이 원자론의 환원주의를 기초로 하여 '기계 세계'라는 패러다임을 탄생시켰다. 19세기에는 이 패러다임에 대한 반동으로 열역학(熱力學)이 등장하면서 새롭게 각광받는 패러다임이 등장하게 되는데, 그 계기는 1857년 독일의 루돌프 클라우지우스(Rudolf Clausius, 1822~1888)가 '열(熱)이라고 명명된 운동의 특성에 관하여'라는 제목으로, 획기적인 내용의 논문[1])으로 발표한 '엔트로피(entropy)의 법칙[2])'이었다. 엔트로피는 무질서의 척도다. 우리는 최근 '엔트로피'나 '혼돈'이라는 말이 사용되는 것을 볼 수 있다.[3])

오스트리아의 물리학자 루트비히 볼츠만(Ludwig Boltzmann, 1844~1906)은 1877년 원자의 수가 엄청나게 많고, 자주 충돌하며, 속도와 운동 방향이 너무나 다양하기 때문에 통계와 확률의 방법을 이용하여 원자 하나하나는 무질서하게 움직이더라도 집단적으로는 질서 있는 거동을 나타낼 수 있다는 것을 정확하게 예측하였다.[4]) 즉 원자들이 어떤 분포를 하고 있을 때의 엔트로피는 그런 분포를 만들어 낼 수 있는 방법의 수에 로그를 붙인 것에 비례한다는, 오늘날의 물리학자들에게 잘 알려진 간단한 식($S = k \log W$)을 유도하였다.[5])

한편 볼츠만은 그 당시 엔트로피 개념을 통계적·확률론적 의미로 정립하였다. 볼츠만의 열역학 제2법칙에 따르면 자발적인 과정에서 우주의 엔트로피는 항상 증가한다. 기계 에너지가 열로 바뀌거나 가열된 물체가 식는 등 에너지가 자연스럽게 이동할 때 그 계(系 : system)의 분자는 제멋대로 분포하게 된다는 것이

---

1) Clausius, Rudolf[Proggendorffs Annalen, Bd. 100, S. 253(1857)]
2) "우주의 에너지는 항상 일정하다"라는 에너지 보존의 법칙(열역학 제1법칙), "우주의 엔트로피는 증가한다"라는 엔트로피의 법칙(열역학 제2법칙)
3) 김용정, 『과학과 철학』(범양사, 1996), 70쪽.
4) 데이비드 린들리, 이덕환 역, 『볼츠만의 원자』(승산, 2003), 9쪽.
5) Boltzmann, Ludwig[Sitzgsber. Akad. Wiss. Wien. 76(2),373(1877)]

다. 다시 말하면 자연적으로 일어나는 현상은 질서 있는 상태에서 무질서한 상태로-낮은 엔트로피 상태에서 높은 엔트로피 상태로 -되는 과정으로 맥스웰 분포6)가 된다는 것이었다. 이 분포야말로 가장 확률이 높은 분포라고 할 수 있으며, 가장 무작위적인 것이면서 무질서한 것이다. 따라서 조금이라도 질서를 가진 분포는 그 확률이 낮아지게 된다. 그러므로 물질계 엔트로피의 자연적인 증가는 그 계의 분자 에너지가 가지는 확률적 분포 증가에 관련된다는 것이다. 즉 물질 변화의 방향을 의미한다.

기(氣) 개념의 경우, 구태여 유물사관(唯物史觀)에 입각하지 않더라도 물질이라는 개념과 연관해서 설명하는 것이 일반적인 경향이다. 물질이란 사실, 명확하게 의미를 추구하면 아주 복잡하고 모호한 개념이다. 현대 일상에서 기 개념은 소박한 견지에서 보면 "기를 모으다", "기가 세다", "기합을 넣다"처럼 오히려 비물질이라고 할 수 있다.7) 그래서, 영어 번역에서도 'material force', 'ether material', 'force' 등 많은 용어를 써 보았으나

---

6) 맥스웰이 클라우지우스의 이론을 단순히 원자의 평균 속력뿐만 아니라 주어진 순간에 얼마나 많은 원자가 평균보다 크거나 작은 속력으로 움직이고 있는가를 나타내는 속력의 분포까지 고려한 이론으로 발전시켜 충분한 설득력을 가진 근거를 제시하지는 못했지만, 상당히 추상적인 방법으로 기체 원자의 속도 분포를 나타내는 수학적인 표현식을 유도했고, 주어진 온도에서 일정한 부피를 차지하고 있는 기체 원자들의 대표적인 속력 분포를 나타내는 그래프도 얻을 수 있었다.
7) 허남진, 「혜강 과학사상의 철학적 기초」, 『과학과 철학』(통나무, 1991), 113쪽.

어느 것도 합당한 것이 없어 그냥 소리 나는 대로 "Gi"로 쓰는 경우가 많다. 기(氣)가 현대 한국의 철학 용어나 서양의 철학 개념으로 정확하게 번역과 설명이 되지 못하는 근본적인 이유는 기(氣)라는 개념이 플라톤 이래 형성되어 온 서양의 이분법(二分法)적인 사고방식과는 다른 사유체계의 산물이기 때문이 아닌가 생각된다.[8] 즉 기(氣)는 서양적 세계관으로 이해하기 어려운 개념인 동시에 그만큼 동양적 사유체계를 잘 드러내는 개념이다. 과거 서양 과학자들이 energy, air, breath라고 번역하다가 이제는 chi나 ki를 사용하는 이유는 서양 용어 가운데 기(氣)를 설명할 마땅한 단어가 없음을 잘 보여주고 있다.[9]

이전의 기론자(氣論者)들은 기(氣)를 본체(本體)의 기와 현상(現象)의 기로 이원화(二元化)하고, '태허'(太虛)라는 말에서도 알 수 있듯이, 본체의 기(氣)는 무(無)는 아니지만 무형(無形), 허(虛), 정(靜)의 성격을 강조하는 데 반해, 최한기는 천지(天地)의 기 자체도 그 근본적인 성격은 유형유적(有形有跡)의 기가 운화하는 데서 나타나고 '유'(有), 즉 물질임을 강조하고 있다.

1857년에 혜강(惠岡) 최한기(崔漢綺, 1803~1877)가 제시한 기학(氣學)은 기존의 유학(儒學)과 중국을 통해 도입된 서양 과학을 포괄하는 학문이다. 최한기의 기를 오늘날의 개념으로 설명한

---

[8] 허남진, 「혜강 과학사상의 철학적 기초」, 『과학과 철학』(통나무, 1991), 113쪽.
[9] 김교빈, 「氣를 통해서 본 古典」, (경북대학교 인문학 2008, 콜로키움 2 : 21세기 고전을 묻다), 1쪽.

다면 물질임과 동시에 에너지이거나 에너지를 내재한 물질로 자연적인 세계를 구성하는 물질적인 기본 원소라 할 수 있다.10)

볼츠만은 엔트로피로 물리(物理)에서 원자 집단의 열 이동을 확률과 통계로 원자의 존재를 나타내었으며, 최한기는 유기체론(有機體論)으로 "만물은 봄[活], 여름[動], 가을[運], 겨울[化]과 같이 끊임없이 변화한다"라고 하여 시스템의 변화를 기로써 나타내었다. 이는 동서양 물질 변화의 방향이 같다는 그 당시의 시대정신을 의미하기도 한다.

이 책에서는 볼츠만의 에너지와 최한기의 기를 대상으로 한 물질관을 관련 박사 학위 논문11), 석사 학위 논문12), 소논문13)

---

10) 야마다 케이지, 김석근 역, 『주자의 자연학』(통나무, 1998), 348쪽.
11) ◦ 권성기, 「중학생의 에너지 개념 변화」(서울대학교 대학원, 1995). ◦ 서욱수, 「惠岡 崔漢綺의 認識 理論 硏究」(부산대학교 대학원, 2000). ◦ 이유석, 「惠岡 崔漢綺의 氣一元說 中心의 敎育思想」(전남대학교 대학원, 1997). ◦ 이현구, 「최한기 기학의 성립과 체계에 관한 연구」(성균관대학교 대학원, 1996). ◦ 임준환, 「惠岡 崔漢綺의 運化的 敎育思想 硏究」(단국대학교 대학원, 1999).
12) ◦ 박인준, 「환경 위기 극복을 위한 환경관 고찰」(경북대학교 대학원, 2005). ◦ 박기순, 「氣의 과학적 접근에 대한 개념의식 조사」(경북대학교 대학원, 2007). ◦ 백수정, 「최한기의 유아교육사상에 관한 연구」(이화여자대학교 대학원, 2003).
13) ◦ 김용정, 「엔트로피 법칙과 프리고진의 산일구조」(계간 과학사상, 1996, 봄). ◦ 전경수, 「엔트로피, 부등가 교환, 환경주의 : 문화와 환경의 공진화론」(계간 과학사상, 1992, 가을). ◦ 유병길·소하연, 「초등학생들의 에너지와 관련한 사전개념 조사」(과학교육연구소, 제25집, 2000). ◦ 강원모, 「최한기의 기화적 인식 체계와 교육관」(공주대교육연구소,

등의 선행 연구물을 통하여 비교하고자 한다.

　이 책에서는 두 학자가 동양과 서양이라는 지리적 차이에도 불구하고 동시대(同時代)에 살았다는 단순한 우연성에 근거하여 두 학자를 견강부회하고자 하는 것이 아니라 물질 변화의 방향에 관한 두 학자의 중요한 공통적 견해에 착안한 것이다.

　이 책에서는 우선 볼츠만과 최한기의 학문적 배경을 고찰하였다. 이를 전제로 볼츠만의 확률 통계와 최한기의 활동운화(活動運化)를 중심으로 이들의 학문 방법론과 인식론을 비교하였다. 이어서 엔트로피와 신기(神氣) 중심의 물질 변화관, 열역학적 의미와

교육연구 제19집, 2005.2).。김규용,「과학사적 학습지도」(제주대학교 과학교육 심포지움, 1996).。김병업,「자연과 교육에 있어서의 에너지 개념의 지도」(대구교대 논문집, 1973).。김용정,「氣」(계간 과학사상, 1997, 봄).。류해일,「기와 과학」(공주대학교 정신과학연구소, 정신과학 제 11집).。문계석,「엔트로피 법칙과 아리스토텔레스의 세계관」(계간 과학사상, 1996, 가을).。박찬국,「서양철학에서 부분과 전체」(계간 과학사상, 2002, 봄).。신국조,「산일구조와 자기조직화」(계간 과학사상, 1998, 겨울).。양형진,「과학에서 부분과 전체」(계간 과학사상, 2002, 봄).。여인석,「최한기의 의학」(계간 과학사상, 1999, 가을).。위관량·김성하,「광합성 연구의 과학사를 활용한 수업의 효과」(한국생물교육학회, 2002).。유명종,「기에 대한 문헌학적 고찰」(계간 과학사상, 1997, 봄).。윤용택,「패러다임의 전환과 정교화 사이」(과학사상, 2005년, 제1권).。이현구,「기에 대한 철학적 고찰」(계간 과학사상, 1997, 봄).。이현주,「기 개념에 관한 탐색적 연구」(카톨릭 상지전문대학, 논문집 제27집, 1997).。이호연,「혼돈과학이란 무엇인가?」(계간 과학사상, 1992, 봄 창간호).。조효남,「기에 대한 과학적 접근의 문제」(계간 과학사상, 1997, 봄).

기학적(氣學的) 의미 중심의 세계관을 비교 분석하였다. 최종적으로는 볼츠만의 원자와 에너지, 최한기의 물질과 기(氣) 중심의 이론을 비교 분석한 내용을 바탕으로 새 시대에 적합한 과학교육적 메시지를 제시하고자 한다.

이 책이 완성되기까지 도와주신 경북대학교 정원우 교수님, 송주범 교수님, 김용수 교수님께 감사드린다.

그리고 사랑하는 가족들께도 감사드린다. 마지막으로 어려운 여건 속에서도 이 책의 출판을 흔쾌히 맡아준 소강출판사 김병성 사장님께 감사드린다.

2010년 1월 7일
저자 일동

차 례

머리말 ············ 5
일러두기 ······ 14

제1장 학문적 배경 ·· 15
볼츠만의 학문적 배경 ································· 17
최한기의 학문적 배경 ································· 22

제2장 학문 연구 방법론 및 인식론 ························ 27
볼츠만의 확률 통계 ···································· 29
    원자와 표상 이론 ································· 29
    상대론 ··· 37
    유용성으로서의 진리 ···························· 42
    정신·물질 동일성 이론 ························ 46
최한기의 활동운화 ····································· 52
    경험주의 사상 ····································· 52
    통섭(統攝) ·· 57
    유형지물(有形之物) ······························ 60
    물내신(物乃神) 사상 ···························· 64

제3장 물질관 비교 ·· 73
시대 정신 ·· 75
원자와 유형 ··· 78
확률과 추측 ··· 83
에너지와 기 ··· 93
엔트로피와 신기 ··· 99

제4장 세계관 비교 ·· 127
볼츠만의 세계관 ·· 129
   엔트로피 개념 ·· 129
   엔트로피와 정보 ·· 143
   과거의 세계관들에 대한 열역학적 비판 ················· 148
최한기의 세계관 ·· 155
   기의 이중성 ·· 155
   신기와 정보 ·· 168
   자연 과학 일반론 ··· 172

제5장 과학교육적 메시지 ····································· 179
과학교육과정의 에너지와 물질 ····························· 181
볼츠만의 과학교육적 메시지 ································ 182
최한기의 과학교육적 메시지 ································ 188

   참고문헌 ······199

일러두기
- 『　』는 서명에, 「　」는 편명 혹은 논문명에 사용하였다.
- (　)는 그 단어에 상응하는 한자나 외국어 또는 어떤 문구로 대신할 수 있는 글을 사용할 경우에 썼으며, [　]는 간단한 어구를 한글이나 외국어, 한자로 바꿔도 될 경우에 사용하였고, <　>는 어떤 문구를 삽입하여 읽어도 무방할 경우에 사용하였다.
- "　"는 어떤 문구를 직접적으로 인용할 경우에, '　'는 어떤 문구나 단어를 인용 강조할 때 사용하였다.
- 이 책에서는 한글 전용을 원칙으로 표기하였다.

제1장
학문적 배경

...

볼츠만의 학문적 배경

최한기의 학문적 배경

학문적 배경

볼츠만의 학문적 배경

볼츠만은 1844년 빈 교외의 에르트베르크에서 세무공무원인 아버지 루트비히 게오르그 볼츠만과 상인 집안 출신인 어머니 카타리나 파우에른파인트 사이에, 유복한 환경 속에서 출생하여 10세가 될 때까지 가정교사에게 교육을 받았고, 린츠(Linz)로 이주하여 정규 교육을 받았다. 어릴 때부터 유난히 똑똑하였고 언제나 학급에서 일등을 놓치지 않았다. 15세가 되던 해에 아버지가 세상을 떠나고, 그 다음해엔 동생마저 세상을 떠나자 어머니는 그때부터 천재적인 아들을 위한 교육에 모든 정성과 재원을 쏟아 부었다.

그는 1863년에 19세의 나이로 비엔나대학에 입학하여 22세에 박사 학위를 취득했고 곧바로 슈테판의 조수로 임명되었다. 볼츠만은 25세의 나이로 그라츠대학의 수리물리학 교수가 되었고, 그 뒤 그라츠(1869~73, 1876~79), 빈(1873~76, 1894~1900, 1902~06), 뮌헨(1889~93), 라이프치히(1900~02) 등 여러 대학을 돌아다니며 수학 및 물리학 교수를 역임했다. 그는 이렇게 여러 대학을 옮겨 다니는 동안에도 기체(氣體) 운동론에 대한 자신의 연구만은 항상 지속적으로 수행하였다. 젊었을 때는 나이 많은 동료들에게 좋은 평가를 받았다. 1870년경 분젠(Robert Wilhelm Bunsen, 1811~1899), 키르히호프(Gustav Robert Kirchhoff, 1824~1887) 그리고 베를린대학의 헬름홀츠(Hermann Helmholtz, 1821~1894) 등과 함께 공동 연구하였다. 제럴드 홀턴(Gerald Holton)은 그의 저서에서 볼츠만이 비범한 강사였다고 썼으며, "정확한 준비, 면밀하게 짜여진 언변에다 탁월한 유머 감각과 인간미까지 더해져 그의 강의실은 언제나 학생과 참관인들로 넘칠 지경이었다"라고 하였다.

열과 기계적 에너지 사이의 관계를 밝혀 이미 명성을 쌓고 있었던 클라우지우스는 1857년에 '열이라고 부르는 운동'이라는 획기적인 논문을 발표하였다. 여기서 그는 일정한 부피의 기체가 끊임없이 움직이는 작은 원자들로 구성되어 있다면, 기체의 압력과 온도는 그런 원자들의 평균 속도의 제곱에 비례하게 된다는 것이다. 실제로 온도는 그런 가상의 원자들이 가지고 있는 평균 운동 에너지에 해당된다.

그리고 영국의 제임스 클러크 맥스웰(James Clerk Maxwell)

은 1860년 클라우지우스의 이론을 단순히 원자의 평균 속력뿐만 아니라 주어진 순간에 얼마나 많은 원자들이 평균보다 크거나 작은 속력으로 움직이고 있는가를 나타내는 속력의 분포까지 고려한 이론으로 발전시켰다.

볼츠만은 기체가 활발하게 움직이는 원자들의 집합이라고 가정하면 기체의 여러 가지 성질을 효과적으로 설명할 수 있다는 사실을 다른 어떤 사람보다도 먼저 인식했다. 그래서 그는 1868년, 24세의 젊은 나이로 맥스웰의 식에 대해 물리적으로 설득력 있는 설명을 발표하였다. 볼츠만은 일정한 부피의 기체가 지구 중력장 속에서 위로 올라가면 어떻게 변화할 것인가를 분석하는 과정에서 맥스웰의 식이 특정한 에너지를 가진 원자 또는 분자의 수를 정확하게 나타내는 것임을 증명하였다. 그는 맥스웰의 식에 대해 직접적이고 알기 쉬운 물리적 근거를 제시했을 뿐만 아니라, 기체 운동론에는 진정한 물리학이 담겨져 있다는 사실을 확인시켜 주었다. 이것은 '맥스웰-볼츠만 분포'라고 알려지게 되었고, 기체를 원자론적으로 설명하는 기초가 되었다.

그리고 그는 1877년에 발표했던 논문에서 원자들을 동등하게 배열할 수 있는 방법의 수(數)를 계산함으로써 원자 분포의 확률을 알아 낼 수 있는 방법을 제시했다. 그는 그런 분석을 통하여 가장 가능성이 높은 분포는 다름 아닌 '맥스웰-볼츠만 식'으로 주어지는 분포라는 중요한 결과를 찾아내었다. 그의 새로운 분석에 의하면 열적 평형은 정해진 수의 원자들이 정해진 양의 에너지를 나누어 갖는 방법 중에서 가장 가능성이 높은 분포에 해당된다며 원자들이 어떤 분포를 하고 있을 때의 엔트로피는 그런 분포를 만들어 낼 수 있는 방법의 수에 로그를 붙인 것에 비례한다는, 오늘날의 물리학자들에게 잘 알려진 간단한 식을 유도하게 되었다. 이 식은 볼츠만 원리로 명명되었는데, 계(系)의 엔트로피 S는 볼츠만상수 k를 사용하여, 확률 W와 '$S = k \log W$'의 관계에 있다는 이론이다. 이 유명한 방정식은 특정 기체가 시간이 흐름에 따라 평형 상태로 접근하는 경향을 나타낸다는 것이다. 이것은 엔트로피 법칙을 명료하게 표현한 식이 되었다.

볼츠만은 기체 운동론 연구에 기여한 것 외에도 다양한 현상에 관해 기술하였다. 그가 쓴 논문은 물리학, 화학, 수학뿐만 아니라 철학에까지도 걸쳐 있다. 쇼펜하우어나 헤겔(G. W. Hegel, 1770~1831) 같은 독일 관념론 사상가들과는 반목했으나, 경험적 경향 때문에 일찍부터 찰스 다윈(Charles Darwin, 1809~1882)의 이론은 열렬히 지지하였다. 다윈설은 DNA 구조의 발견에 발판이 되는 가정들을 이야기한 슈뢰딩거(Erwin Schrödinger, 1887~1961)에까지 영향을 미쳤다. 볼츠만은 생물학자뿐만 아니라 양자역학(quantum mechanics) 분야에도 영향을 준 19세기 물리학자이다. 월터 무어는 "프랜시스 크릭과 자크 모노(Jacques Monod)같은 현대 분자생물학자들도 볼츠만의 이론에 동조한다"라고 그의 저서에서 밝혔다.

볼츠만은 1894년 그의 스승 요제프 슈테판의 죽음으로 공석이 된 비엔나대학의 이론 물리학 교수직으로 다시 자리를 옮겼다. 1896년에서 1898년 사이에 『기체론 강론』(Vorlesungen über Gastheorie)을 출판하면서 기체 운동 이론을 포함한 통계 물리학의 일반적인 체계를 완성하였다. 그의 통계 역학이 수용되는 과정은 현대 양자론이 등장하는 과정과 간접적으로 관계를 맺고 있으며, 주된 업적은 고전 역학과 원자론의 입장에서 전개한 열 이론(熱理論)인데, 기체 분자의 운동에 관한 맥스웰의 이론을 발전시켜 열의 평형 상태를 논한 맥스웰-볼츠만 분포를 확립한 것이다.

그는 1899년 미국 매사추세츠 주 클락대학 창립 100주년 기념 명예 박사 학위를 받기 위하여 미국을 방문하였으며, 1904년 학술회에 참석하여 세인트루이스에서 열린 만국박람회 강연을 하였고, 1905년 캘리포니아대학 여름 강좌에 참석하였다. 그리고 1906년 여름 휴가를 보내기 위해 오스트리아 트리에스테-당시 헝가리 제국의 주요 항구였으며 아드리아해 북동부에 위치-근처의 아름다운 두이노만으로 가서 9월 5일, 갑자기 스스로 목을 매어 생을 마감하였다. 자살한 실제 이유에 대해서는 아직까지도 정확하게 알려지지 않고 있으나 많은 사람은 "그가 이룩한 평생의 업적이 과학자 공동체에 의해 계속 거부되었고, 그로 인한 고립감이 그로 하여금 자살에까지 이르게 만든 한 원인이었다"라고 말하고 있다.

그는 과학 이론이란 진실을 근사적으로 나타내는 것이고, 과학이 발전하면 그 근사는 더욱 개선된다는 사실을 이해하고 있었다. 그리고 "과학자들이 진보하려면 경험의 범위를 벗어난 곳에 있는 진리에 대하여 추측으로써 적절한 가설을 도입해야만 한다"라고 주장하였다.

그의 저서로는 『기체론 강의』(Vorlesungen über Gastheorie 2권, 1895~1897), 『역학 원리 강의』(Vorlesungen über die Prinzipe der Mechanik』2권, 1897~1904), 『과학논집』(1905) 등이 있다.

최한기의 학문적 배경

최한기(崔漢綺)는 1803년에 삭녕(朔寧) 최(崔) 씨 가문에서 아버지 최치현(崔致鉉)과 어머니 청주(淸州) 한(韓) 씨 사이에서 독자로 태어났다. 그는 태어나자마자 큰집 종숙부 최광현의 양자(養子)로 입적되었다. 그의 생가와 양가는 모두 18세기 말엽에서 19세기 초에 개성에서 서울로 이주해 왔다. 그는 증조부 이하 3대에 걸쳐 모두 무과(武科)에 급제한 집안에서 성장하였고, 특히 청소년기에 무관 벼슬을 지낸 양부 밑에서 수학하였다. 그는 두뇌가 명석하여 이해력이 뛰어났으며 독서를 즐겼고, "기이한 책을 얻으면 즐거워 잠을 자지 못하였다"라고 한다. 양아버지는 꽤 많은 재산을 갖고 있었는데, 최한기가 평생을 세련된 도시인으로 살아갈 수 있었던 경제적인 배경은 바로 여기에 있었을 것으로 추정된다.

23살의 나이로 생원시(生員試)에 합격하였으나, 과거 공부를 포기하고 벼슬에 나아가는 것을 단념하였다. 그는 책을 구하기 위해 모든 재산을 썼는데, 당시 북경(北京)의 신간(新刊) 서적은 경우에 따라 집 한 채 값이었다고 한다. 최한기는 개성에 많은 논과 밭을 가지고 있었던 듯한데, 책을 사고 개인 도서관을 짓고 학숙(學塾)을 여느라 재원이 고갈되었고, 나중에는 이 책들을 저당 잡혀 생활비를 충당하는 어려움을 겪었다고 한다.

그는 1850년대에 상동에 장수루(藏修樓)를 설치하여 동서고금의 도서를 비치하였다. 그는 다양한 직업을 인정하고 누구나 직업을 가져야 하며, 자기에게 맞는 그 업(業)을 택하여 학습해야 한다고 강조하였다. 또한 지리학자 김정호(金正浩, ?~1864)와 교분이 두터웠으며 수많은 저작을 통해 경험주의적 인식론을 확립하여 사물을 수학적·실증적(實證的)으로 파악할 것을 주장하여 한국사상사에 근대적 합리주의(合理主義)를 싹트게 하였다.

북경에서 출판한 『기측체의』(氣測體義)의 한 부분을 이루는 「추측록」(推測錄)은 최한기의 독특한 과학적 방법, 즉 '추측'을 연구한 책이다. 구체적인 사물에 대한 관찰에서 출발하여 추상 과정을 거쳐 '이'(理)에 다다르는 추측의 방법은 관찰로부터 일반화를 거쳐 과학 법칙을 얻어 내는 서양의 과학 탐구와 상당히 비슷하다.

그는 1857년에 『기학』(氣學)이라는 저술을 통해 세계 각국의 사람들이 공히 말미암을 수 있고, 행할 수 있는 '기학'을 제창하였다. 그는 기학으로 세계의 모든 학문과 사상을 회통(會通)하는 학문 체계를 정립하였다. 기학의 전체적 패러다임은 서양 과학 지식과 전통 사상의 재해석이 맞물려 있다. 최한기는 지구의 운행이 바로 기학의 입문이라고 하였다. 아울러 역상(曆象)이 점점 밝혀진 것이 기학의 방향이고, 제반 기계의 수용(須用 :

쓰고 사용함)이 기학의 경험이며, 허리(虛理)를 헤아리는 것이 기학의 성질을 인도하는 것이며, 신천(神天)의 무형(無形)이 기학의 유형(有形)을 일으키는 것이라 설명하고 있다.

그의 이론에서 본체(本體) 개념에 해당되는 것은 운화기(運化氣)이다. 우주는 하나의 기(氣)로서 이 기가 천지에 가득 차 천지의 생명 에너지와 인물(人物)의 호흡이 되는 것이라 하였다. 이 기로 인하여 조화(造化)가 생기고 정신이 생기며 모든 생명은 바로 이 운화기를 얻어 형체를 이룬다. 따라서 이 기를 떠나서는 생명도 없다. 이는 마치 고기와 물의 관계와 같아서 고기가 못에서 입을 벌름거리고 놀고 뛰는 것이 물에 힘입지 않는 것이 없듯이, 사람이 땅 위에서 움직이고 왕래하는 것 역시 이 기에 힘입지 않는 것이 없다는 설명이다. 대소(大小) 만물이 기의 활동으로 서로서로 응하고 섞이어 만물의 운화를 이루기 때문에 개체(個體)를 표현할 때는 기(氣)라는 말을 붙이고, 통체(統體 : 全體)를 지칭할 때는 운화기라는 말을 쓴다. 이러한 운화기를 최한기는 활동운화(活動運化)하는 근원적 존재로 보아 신기(神氣)로도 표현하였다. 운화기 역시 신령한 것으로 신(神)[1]―여기서 신(神)이란 보일 시(示)

---

[1] 『중용』(中庸) 17장의 『시경』(詩經)을 인용한 글 중에 "自天申之"(하늘로부터 펼쳐진다)에서 말하는 '申'(펼쳐지다, 뻗다, 전개되다)의 용법과 같다. 여기서 언급되는 '신'(神), '신'(申), '기'(氣)는 서로 밀접한 상관성을 지니고 있으며, 그 원초적 의미에서는 교환적으로 사용해도 무방할 정도로 유사성을 지닌다고 할 수 있다. 자천우지(自天祐之)와 상통한다. 예) 『周易』 火天大有 上九, 自天祐之 吉无不利 : 하늘로부터 돕는지라 길하여 이롭지 않음이 없도다.

변에 뻗칠 신(申)이다—이란 곧 운화의 능함이다. 기(氣)의 영(靈)이란 곧 운화의 밝음이다. 운화기를 설명하는 활동운화기란 천지인물 가운데 항상 움직이고 두루 운전하여 변화하는 기를 뜻한다.

1877년 6월 21일에 최한기는 일흔여섯의 나이로 눈을 감았다. 아들 최병대는 아버지의 학문적 업적으로 네 가지를 들었다. 첫째, 옛날을 계승하고 지금을 새롭게 했다는 점. 둘째, 기를 짝하고 성(性)을 극진히 하면 이(理)는 유형(有形)이라고 말할 수 있다는 점. 셋째, 세 등급의 운화(運化 : 大氣, 統民, 一身)에다, 오품(五品 : 五倫)의 체(體)가 이루어졌다는 점. 넷째, 실(實)을 쓰고 허(虛)를 버리며 인(仁)에 익숙하고 의(義)에 인정미가 있었다는 점 등이다.

그가 생전에 번역하거나 지은 책이 무려 300책, 1,000여 권이 된다는 기록이 전해지고 있다.(표1)

표1. 볼츠만과 최한기의 연보 비교

볼 츠 만	연대	최 한 기
	1803	※ 서울에서 출생(개성에서 世居) 父 : 최치현, 母 : 청주 한 씨 종숙부 최광현의 양자 ※ 사서삼경 중심의 학습 두뇌 명석, 독서 즐겨 '기이한 책을 얻으면 즐거워 잠을 자지 못했다.'
	1825	※ 生員試 합격 — 科擧, 官職 단념
	1836	※ 『氣測體義』— 神氣通, 推測錄 북경 출판, 과학적 관찰, 분석

			理 도달 : 서양 과학 탐구 유사
		1838	『鑑枰(人事)』 저술
		1839	『儀象理數(천문학서)』 저술
		1842	『心器圖說』 저술
※ 빈 교외 에르트베르크에서 출생		1844	
父 : 루트비히 게오르그 볼츠만		1850	※ 藏修樓 설치 : 동서 고금 도서
母 : 카타리나 파우에른파인트			비치 – 모든 성현의 언어, 동작,
※ 가정교사 교육, 정규 교육			정신, 골수 강조
언제나 학급에서 일등			경험주의 인식론 강조
음악과 자연에 관심			실천적 지식인[行道] 선택
			학문하는 삶[明道] 선택
※ 클라우지우스 '엔트로피' 제창		1857	※『기학』(氣學) 저술-세계 모든 학
※ 비엔나대학 입학(슈테판 만남)		1863	문과 사상을 회통하는 학문 체계 정립
※ 박사 학위 취득(슈테판 조수 임명)		1866	『지구전요』,『우주책』 저술
※ 열평형 논문 발표		1868	"앞 사람이 아직까지 밝히지 못했
			던 것을 밝혔다."
※ 그라츠대학 물리학 교수		1869	※『仁政』 저술(정치적 관심 종합)
			인재 선발 기준 : 실무 능력, 현실
			감각, 도덕성, 공치 방법과 군장 선발
※ 빈(73), 뮌헨(89), 라이프치히 대학(1900) 수학, 물리학 교수		1873	방법 등
※ 볼츠만 원리(원자 분포 확률 방법) : 통계적 엔트로피 증거		1877	※ 사망(6. 21.) 번역 및 저술 300책, 1,000여 권 기록 전해짐
※ 그라츠대학 총장		1887	
※ 트리니티대학 300주년 방문		1892	
※ 비엔나대학 이론 물리학 교수		1894	
영국 과학진흥협회 학술회 참석			
※『기체론 강론』 출판		1898	
※ 美 클락대학 명예 박사 학위 받음		1899	
※ 미국 방문 : 만국박람회 강연		1904	
※ 사망(9. 5. 아드리해 두이노만)		1906	

제2장
학문 연구 방법론 및 인식론

· · ·

볼츠만의 확률 통계

최한기의 활동운화

학문 연구 방법론 및 인식론

볼츠만의 확률 통계

원자와 표상 이론

학문 방법론에 대한 볼츠만의 입장을 가장 잘 알 수 있는 것은 그의 '그림으로서의 원자' 개념이다. 사실 1895년부터 1900년까지 볼츠만은 "원자는 일종의 그림이다"라고 자주 주장하였다. 그의 주장에서 원자는 실재(實在)하는 사태(事態) 자체를 기술한 것이라기보다 우리의 정신적인 하나의 이미지 내지 학문적인 풍토에서 구성된 조작적, 형식적 개념이라는 입장이다.

볼츠만은 원자론이 사실 자체에 부합되기 때문이라기보다 우리 삶의 현실에 유용하기 때문에 지지를 받는다고 생각하였다. 그래서 그는 전통적인 형이상학자(形而上學者)들이 생각한 것처럼 '원자는 분리 불가능한 것이 아니라 핵(核)과 여러 개의 전자(電子)로 구성되어 있어 분리 가능한 물체'라는 당시의 과학적 입장을 전도(顚倒)시키는 데 앞장 서서 노력하였다.

혹자들은 볼츠만의 철학을 탐구하려 할 때, 오직 그의 학문 방법론, 즉 과학 방법론적 측면에서만 탐구해야지 전통적인 철학적 입장을 대입하려는 시도를 삼가야 한다고 주장한다. 사실 어떤 측면에서 보면, 원자에 관한 '그림' 이론은 과학 방법론의 일부에서 구성된 것이지 철학과 아무런 상관이 없는 것처럼 보이기도 한다. 왜냐하면 그에게 있어 철학은 형이상학과 동의어(同義語)였고, 1905년 브렌타노(Clemens Brentano)를 만나기 이전까지는, 그가 어떤 철학적 입장을 가지고 있다는 것을 거부하였기 때문이다.[1] 그러나 이것은 사실이 아니다. 왜냐하면 그의 뒷부분에서 논의할 정신·물질 동일 이론은 명백한 철학일 뿐만 아니라 아주 심오한 관점을 내포하고 있기 때문이다.

그는 이론 물리학에 있어 모델 또는 그림의 표상적(表象的) 기능에 대해 분명히 강조하였다. 그는 원자를 그림으로 자주 취급하였다. 그런데 그 그림은 무엇에 대한 그림인가? 원자 모형은 실재(實在)로 존재하는 물질로서 원자나 분자를 기술하는 것인가? 아니면 단순한 우리의 감각 또는 의식적 경험을 표상한 것인가? 아니면 그것에 대응되는 다른 종류의 그림이나 관념을 의미하는 것인가? 혹은 아예 아무것도 표상(表象)[2]하는 것이

---

[1] John Blacmore, *Ludwig Boltzmann His later Life and Philosophy*, Kluwer, 1995, 69쪽.

없는 것인가?

그의 표상 이론은 버클리적 관념론 및 실증주의의 전통으로부터 많은 영향을 받았다. 이 두 입장은 데카르트(R. Descartes, 1596~1650)와 다소 다르다. 그는 우리의 표상은 초의식적(超意識的)인 물리적 대상을 표상한다기보다 감각 내용 또는 의식적 경험 내용이라고 생각하였다. 이러한 의식적 경험 내용이 초의식적인 물리적 대상 자체의 내용에 그대로 일치하는가 하는 문제에 대해서는 알 수 없다는 칸트적 입장을 대체로 따랐다.

그는 자기의 표상 이론을 당대의 물리학자인 헤르츠(Heinrich Hertz)의 표상 이론에 의존했다고 주장한 바 있다. 앤드류 윌슨(Andrew Wilson)에 따르면, 볼츠만이 헤르츠보다도 먼저 그림 또는 모델 개념을 사용하였다고 한다.[3]

> 나는 헤르츠의 도식(圖式)이 나타내는 이점(利點)들을 절대적으로 인정한다. 그러나 일련의 동일한 현상에 대하여 다양한 모델(도식)을 구성할 수 있으며, 또 그렇게 하는

---

[2] 데카르트의 표상 이론 : 데카르트에 따르면 첫째, 우리의 감각은 초의식적(超意識的)인 물리적 대상을 표상(表象)하며, 둘째, 우리의 사유(思惟)나 관념(觀念)들도 동일한 정도의 엄밀성과 완전성을 가지고 이러한 초의식적 물리적 대상들을 표상한다는 것이다. 그러나 우리의 지각(知覺) 또는 표상 문제에 대해서는 실로 엄청나게 다양한 이론이 있다. 그래도 표상 문제에 대해서는 항상 신중을 기해야 된다는 것이다.
[3] Andrew Wilson, 「Hertz, Boltzmann, and Wittgenstein Reconsidered」, *Studies in the History and Philosophy of Science*, 20, 1989, 252~253쪽.

것이 바람직하다는 원칙에서, 헤르츠의 도식은 별도로 하고, 나의 것도 나름대로 중요한 의의를 가진다. 왜냐하면 이것은 헤르츠의 도식에 결여되어 있는 이점들을 포함하고 있기 때문이다.4)

그리고 아고스티노(S. D'Agostino)가 지적했듯이,5) 볼츠만의 그림 이론은 헤르츠의 이론과 일치하지 않았다. 왜냐하면 이러한 그림(도식)이 사유 법칙에 어떻게 관계하는가 하는 문제에 대해 양자(兩者)는 근본적으로 의견을 달리 했기 때문이다. 볼츠만은 이러한 모델이나 도식을, 특히 기존의 체계나 사유의 질서 속에서 우리가 어떻게 획득하게 되었는지를 정확하게 기술하는 것이 매우 중요하다고 역설하였다.

과학은 단지 내적인 도식 또는 정신적인 구성이다. 그런데 이러한 내적 도식 또는 구성은 현상의 수다성(數多性, plurality) 전체와 결코 일치하는 것은 아니며, 그들 중의 어떤 특정의 부분들을 특별한 질서 속에서 표상한 것이다. 이러한 사실을 우리가 이제 확신한다면 우리는 이러한 도식을 도대체 어떻게 하여 획득하게 되었는가? 그리고

---

4) Ludwig Boltzmann, 「On the Fundamental Principles and Equations of Mechanics」, *Theoretical Physics and Philosophical Problems*, Dordrecht, 1972, 111쪽.
5) S. D'Agostino, 「Boltzmann and Hertz on the Bild-Conception of Physical Theory」, *History of Science*, 28, 1990, 387~388쪽.

이러한 도식이나 모델을 기존의 사유 질서나 체계 속에서 도대체 어떻게 표상할 수 있었는가?

철학적인 전문 용어에 별로 친숙하지 못한 볼츠만은 이러한 사유 법칙을 형식논리학, 응용논리학, 칸트적인 선험적 범주, 혹은 과학적 법칙들이라고 생각하였다. 어쨌든 여기서 중요한 것은, 이러한 사유 법칙들이 고정불변으로 영원한 것이 아니라 다윈의 진화 개념처럼 변화할 수 있다는 것이다. 따라서 사유 법칙은 원자 모형처럼 얼마든지 과학의 진보와 더불어 진화할 수 있다고 주장하였다. 이러한 차원에서 그는 데카르트의 표상 이론을 거부하였다. 왜냐하면 앞에서 지적했듯이 데카르트의 표상 이론은 진리 대응설, 신의 보증에 의한 간접적 인식론, 정신·물질 이원론의 존재론 등을 지지하기 때문이다. 그러나 데카르트에 대한 그의 거부는 명시적인 것은 아니다. 왜냐하면 그가 데카르트의 이름을 직접적으로 거명하지는 않았기 때문이다.

이러한 측면에서 볼 때 볼츠만의 표상 이론은 이원론적 존재론의 입장에서 이해되어서는 안 된다. 그의 표상 이론은 의식적 경험 내에서의 방법론적 접근을 중시한다. 이런 점에서 그의 방법론은 실증주의에 가깝고 또한 인식론적 관념론 중에서도 확실성의 양상을 그렇게 강조하지 않는 상대론적 입장을 지지한다고 말할 수 있겠다. 그의 과학 방법론은 한편으로는 실재론적 경향을, 다른 한편으로는 현상론적 경향을 가지는 부조화를 내포하고 있다. 이론적 입장에서는 엄밀하지 못하고 일관성이 없어 보이지만, 과학 방법론적 차원에서는 그렇게 문제될 것이 없다고 생각하는 것 같았다. 데카르트적인 실재론의 입장과 흄적인 현상론의 입장은 물리학적 인식들의 존재론적 지위가 전혀 다르기 때문이다. 전자의 입장에서는 물리적 인식들은 사실 자체라는 지위를 가지지만, 후자의 입장에서는 그러한 물리적 인식들이 단지 우리 인식 주관의 사유 경향성으로 해석되기 때문이다.

그는 마흐(Ernst Mach)와 과학 방법론의 문제로 한때 논쟁을 벌인 적이 있다. 볼츠만은 과학에서 도식이나 모델의 사용이 불가피하고 중요하다고 주장하였다. 그런 그의 눈에는 마흐의 이론이 자기의 입장과 반대인 것으로 보였던 모양이다.[6] 그래서 그는 마흐가 과학 방법론의 문제에서 현상론적 차원을 지지한다면, 자신은 실재론을 지지한다고 주장하면서 마흐와 차별된다고 생각하였다.

그러나 존 블랙모어(John Blackmore)는 양자의 입장이 크게 다르지 않았다고 평가하였다. 그 이유로 첫째, 마흐가 반대한 것은 이러한 도식이나 모델의 사용 자체가 아니라, 그러한 도식이나 모델이 과학의 영원하고 최종적인 부분이라고 고려하는 것이 볼츠만의 입장이었기 때문이라는 것이다. 둘째, 과학 방법론의 문제에 있어 볼츠만과 마흐 양자 모두 버클리(Berkeley, 1685~1753)와 흄(D. Hume, 1711~1776)이 주창한 현상론적 노선을

---

[6] Ludwig Boltzmann, 「On the Fundamental Principles and Equations of Mechanics」, *Theoretical Physics and Philosophical Problems*, Dordrecht, 1974, 145쪽.

따랐기 때문이라는 것이었다.7)

사실 1900년대 이후에 출간한 그의 과학 방법론에 대한 글은 현상론적 방법을 선호하였다. 그러나 그의 동일성 이론과 이러한 현상론적 방법을 조정하는 문제는 여전히 남아 있었다. 그래서 그의 학문 방법론은 자신은 정신·물질 동일성 이론과 현상론적 이론을 동시에 수용하는 것이 가능한 것처럼 보였고, 그렇게 할 때 과학적 문제들을 오히려 보다 잘 해결할 수 있는 것처럼 보였다.

그러나 철학적 입장에서 물리적 실재를 감각으로 환원하는 문제는 쉽게 수용할 수 없었다. 즉 원자들이 단지 정신적 도식일 뿐이라면 "물질은 명백히 관념으로 환원된다"라는 흄의 입장은 정당화된다. 그러나 그는 흄과 같은 관념론자로 취급되는 것을 싫어하였다. 다른 한편에서는 원자에 대한 도식이나 모델들이 실질적인 감각적 경험 내용을 표상한다는 초기의 입장으로부터 점점 멀어지기 시작하였다. 그래서 자기의 학문적 탐구의 후반기에는 이러한 원자 모형들은 이상화(理想化), 관념화되어 실질적으로 존재하는 어떤 양상을 표상하는 것이 아니라고 생각하기에 이르렀다.

그러나 이론 물리학에서는 이러한 이상적 관념적 모델이 필수적이라고 하였다. 한편 이러한 모델이나 도식이 플라톤(Platon, B.C. 428~348)의 초시간적인 정신적 실재 내지는 이데아(Idea)

---

7) Ernst Mach, *Popular Scientific Lectures*, Open Court, La Salle, 1943, 240~244쪽.

를 표상하는 것이라고 생각하지는 않았다. 즉 이러한 모델이나 도식은 보다 포괄적이면서 단순한 이론을 구성하려고 하는 미학적(美學的) 이상(理想) 내지 수학적 요구로 구성된 것이지, 그것이 실재하는 정신적 또는 물리적 실질 양상을 표상하거나 복사한 것은 아니었다. 이러한 문제들은 볼츠만에게 그렇게 부조리한 것이 아니었다. 왜냐하면 그는 자타가 인정하는 다양한 수학자, 경험론자, 유물론자들과는 달리, 철학자들이 말하는 소위 '우주의 실재성'을 일관성 있게 거부하였기 때문이다.

그는 존재론적 언급을 일절 피했으며 모든 학생 앞에서 또는 강연장에서 기존의 존재론 일체를 부정한다고 공개적으로 천명하였다. "원자론은 나쁜 세계관이 아니다. 그러나 세계관은 나쁘다"라는 발언에서 알 수 있듯이, 그는 직감적(intuitional)으로는 형이상학적 원자 개념을 수용할 수 있었다고 하더라도 학문적인 입장에서 그러한 형이상학적 원자 개념을 더 이상 인정할 수 없었다. 그래서 분리 불가능한 고정불변의 원자 개념 대신 과학의 진보에 따라 끊임없이 수정되는 원자의 모델 내지는 도식들을 최대한 수용하려고 노력하였다. 즉 그는 최후의 모델이 상대적으로 보다 더 유리한 모델이라는 과학 상대론 내지 실용주의적 입장을 지지하였다.

원자나 분자의 모델들이 이처럼 이상화된 구성에서 존립하게 되었고, 특히 통계 열역학적(統計熱力學的) 모델들은 문자 그대로 실질적인 사태를 직접적으로 표상하지 않는다. 그렇다면 이러한 모델이나 도식들을 '표상'이라고 명명하는 것은 더 이상 적합하지 않을 것이다. 그래서 그는 결국 대응론적(對應論的) 진리설을 거부하는 입장을 취하였다. 그럼에도 불구하고 자기의 이론이나 모델들이 '진리'라고 믿고 있었으며 이를 정당화하려고 노력하였다. 따라서 그의 진리관 내지 학문 방법론은 정합론적(整合論的) 진리설의 관점에 서 있었다고 결론지을 수 있다.

상대론

볼츠만은 1899년 "진리는 상대적인 것일 수 있다"라고 주장한 바 있다. 그리고 1903년부터 실시된 철학 강의에서는 실질적으로 그 자신이 "상대주의를 선호한다"라고 공개적으로 선언하였다.

> 나는 나의 강의를 마칠 때 내가 가장 선호하는 이론에 대하여 주장한 바 있다. 그것은 절대적인 것, 특히 절대적인 진리는 없다는 것이다. 나는 이 점에 대하여 보다 더 확장하기를 원한다.[8]

그러나 그의 과학과 철학에 대한 초기 저작들을 분석해 보면, 이러한 상대론적 진리설만을 지지한 것 같지는 않다. 그로 하여금 대응론적 진리설을 포기하고 상대론적 진리설을 지지하게 한 것은 아마도 그의 기체 이론(氣體理論)에 관한 다양한 비판 때문이었을 것으로 생각된다. 왜냐하면 관념화되고 이상화된 모델들은 감각적인 것이든 초감각적인 것이든, 어떠한 종류의 실재들에도

---

[8] Fasol-Boltzmann, op. cit, 87쪽.

대응될 수 없기 때문이다. 그리고 특히 점점 더 수학화된 이론 물리학들은 이상적 관념화를 피할 수 없었기 때문이다. 이에 그도 관념화된 문제들은 오직 하나의 정확한 해결책만을 가지는 것은 아니라는 수학자들의 일반적인 경향성을 지지할 수밖에 없었을 것이다. 그러나 다른 한편으로 그는 "실재와 대응으로서의 진리는 기껏해야 근사적(近似的)인 가치만을 가질 뿐이다"라고 말했다. 이 주장도 외관상으로는 진리 상대설을 주장하는 것 같지만 그것의 인식론적 의의는 전혀 다르다. 왜냐하면 단순히 "진리는 상대적이다"라고 말하는 것과 "실재와의 대응으로서의 진리는 근사적이다"라고 말하는 것은 전혀 다른 차원이며, 후자에 있어 상대성은 진리 대응설을 지지하는 측면에서 '근사값'을 의미한다면, 전자는 진리에 일정한 기준이 없다는 것을 내포하고 있기 때문이다. 즉 후자는 실재가 진리의 객관적 기준이라는 것을 주장하는 반면, 전자는 그러한 객관적 기준이 없다는 것이다. 그런데 볼츠만이 진리의 상대성을 주장할 때 진리 대응설적 관점에서 이러한 근사값의 상대성을 지지하는지, 아니면 진리의 객관적 기준이 없다는 차원에서 상대성을 지지하는지는 분명하지 않다.

> 많은 수의 사실을 정확하게 표상하는 이론들을 제시하는 것은 아직도 가능하다. 그러나 다른 관점에서 보면 그러한 표상이 정확한 표상이 아닐 수도 있을 것이다. 따라서 이론들은 상대론적 진리를 지지한다. 우리는 실로 다양한 관점에서 경험의 그림들을 체계화할 수 있을 것이다. 따라

서 이러한 체계들 모두가 단순하지도 않을 것이며, 따라서 문제의 현상을 모두 동일하게 잘 표상하는 것은 아닐 것이다. 그런데 여기서 어떤 표상이 우리를 가장 잘 만족시키는가는 다소 의심스러운 것이 될 수 있겠는데, 어떤 점에서 그것은 검증의 문제일 것이다.9)

위 인용문에서 보듯이 그는 이론의 관념화에 의한 모델의 다양성을 인정하는 동시에, 실재에 대한 그러한 모델의 적합성을 검증할 것을 제안한다. 다시 말하면 그는 상대성 개념을 다음과 같은 두 가지 상황에 다 적용한다. 첫째, 어떤 관념이나 주장이 그것에 대응하는 모종의 실재를 가지지 못할 때에도 진리일 수 있다. 따라서 원자의 모형에 대응하는 실재적 사실이 없어도 원자의 모델이나 도식은 진리일 수 있다. 둘째, 어떤 실재나 현상을 기술하고 표상하는 모델이나 도식 또는 이론은 오직 하나만 있는 것은 아니다. 따라서 어떤 모델이 다른 모델과 다소 다르더라도 나름대로 상대적 가치를 지닌다는 것이다.

논의를 더 진행하기 전에 인식론사(認識論史)에서 제기된 상대성 개념에 대한 주요 문제들을 여기서 간략하게 정리하는 것이 좋을 것 같다. 일단 '상대적 진리'(relative truth)란 '절대적 진리'(absolute truth)에 대비되는 용어이다. 후자는 헤겔에서 가장

---

9) Ludwig Boltzmann, 「Über die Grundprincipien und Grundgleichungen der Mechanik」, erste Vorlesung, *Clark University Decennial*, Worchester, Mass, 1899, 91쪽.

많이 논의된 것인데, 여기서 절대성이란 바로 '전체성'을 의미한다. 이런 차원에서 절대적 진리는 '전체적인 이야기', '완전한 이야기'를 의미하며, 상대적 진리는 '부분적인 이야기', '불완전한 이야기'를 의미한다.

그런데 볼츠만이 상대성이라는 용어를 사용할 때, 헤겔이 말한 '절대'에 대비되는 차원에서 '상대'라는 개념을 사용하였을까? 그런 것 같지는 않다. 왜냐하면 볼츠만이 자기의 마음속에 헤겔이나 다른 어떤 철학자를 염두에 두고 있었다는 증거를 찾기는 어렵기 때문이다. 다른 한편으로 칼 포퍼(Karl Popper, 1902~1994)는 '오류 가능성'(fallibilism)과 '상대성'(relativism)을 혼동하지 말 것을 지적하였다. 즉 칼 포퍼에 따르면 사람들은 자주 실수를 저지를 수 있다는 사실의 인정에서 진리는 상대적인 것이라고 논리적으로 비약한다. 또한 이러한 혼동은 "어떤 것이 절대적으로 진리이다"라고 단순히 주장하는 것과 "진리는 실재와의 대응이다"라는 대응설적 진리 개념의 정의를 지지하는 두 차원의 차이를 인식하지 못하는 데서 발생한다.

진리가 실재와의 대응이라고 주장하는 사람은 우리가 느끼고, 믿고, 생각하는 것의 외부에 존재하는 실재가 진리를 결정한다는 입장을 지지한다. 따라서 여기서는 외적 실재가 진리의 기준이라는 것이다. 어떤 주장이 외적 실재에 대응하면 그 진술이나 주장은 참이며 진리라는 것이다. 이것이 바로 경험론적 진리 개념이다. 여기서는 절대적 진리의 기준이 외적 실재라는 것이다. 이런 차원에서 대응론적 진리설은 '절대적 진리'를 인정한다. 그러나 이러한 대응론적 진리설을 지지한다고 해서 필연적으로 '어떤 특별한 주장이 절대적으로 확실하다'는 것을 지지하지는 않는다. '영혼은 없다'라는 주장은 대응설적 관점에서는 절대적 진리이지만 이것이 '절대적으로 확실하다'고 할 수는 없다.

대응설에서는 언어의 일반적인 사용과 그것의 지시 사이의 관계가 중요하다. 따라서 통상 '존재한다'는 것은 '관찰할 수 있다'는 것을 의미하는데, 그것은 우리가 영혼을 관찰할 수는 없기 때문이다. 그러나 관념론적 차원에서는 존재의 의미를 오직 시각적, 물리적 차원에 한정하여 사용하는 것은 너무나 편협적이라고 주장할 것이다. 그래서 우리가 신이나 영혼을 볼 수 없다고 해서 존재하지 않는다고 절대적으로 확실하게 단정할 수는 없다는 것이다. 이런 맥락에서 '절대적 진리'와 '절대적 확실성'을 구분하는 것이 매우 중요하다. 통상 '절대적 진리'(absolute truth)는 대응론적 진리설의 정의를 지지하는 차원이라면, 우리가 통상 단순히 "무엇이 절대적으로 진리(absolutely true)이다"라고 주장할 때 그것은 '절대적 확실성'을 지시한다. 이 후자는 대체로 주관적이고 형이상학적이므로 상대적이다.

볼츠만은 절대적 진리를 지지하지만, 동시에 진리 상대설을 지지할 수 있다는 것이다. 그는 한편에서 대응론적 진리설을 지지한다는 점에서 절대적 진리 개념을 지지한다. 그러나 그렇다고 해서 그러한 모델이나 도식이 실재와 단일하게 대응하는 것은 아니다. 왜냐하면 하나의 실재나 현상에 대하여 그것을 표상하는 모델이나 도식은 다양할 수 있기 때문이다. 그런 차원에서 어떤 구체적 모델이나 이론이 절대적으로 확실하다고 할 수는 없을 것이다. 즉 그는 한편에서는 과학적 실재론을 지지하지만, 다른 한편으로는 인식론적 관념론을 지지하였다.

일반적으로 과학적 실재론은 대응론적 진리설을 선호하는데, 여기서 감각이나 관념은 그것이 정신적이든 물리적이든 초의식적인 대상들을 표상한다고 이해된다. 이에 반해 인식론적 관념론은 우리의 인식은 이미 수학적 구조에 의한 도식화 내지는 모델이라고 본다. 따라서 일체의 이론이나 모델들은 실재의 복사라기보다는 상징적 기호에 의한 구성이라고 해석한다. 따라서 진리는 상대적일 수 있다는 것이다.

유용성으로서의 진리

위에서 언급했듯이 볼츠만은 철저한 상대주의자는 아니었다. 즉 그는 헤겔의 절대성에 상반되는 개념으로서 상대성을 지지하는 것도 아니며, 진리의 기준은 전혀 없다는 극단적인 상대주의를 지지한 것도 아니다. 단지 진리의 기준은 실재가 될 수 있지만, 그러한 실재를 직접적으로 번역하는 것은 불가능하다는 입장이다. 따라서 우리는 어쩔 수 없이 상징적 기호로 그러한 실재를 복사하거나 모델화한다. 이에 동일한 현상에 대해서도 이를 도식화하는 모델은 근사적일 뿐만 아니라, 또한 다양할 수 있다는 점에서 진리는 상대적이다.

이러한 종류의 상대성을 달리 표현하는 방법으로서 실용적 진리 개념이 있다. 실용주의 진리설에 따르면 어떤 주장, 관념,

이론, 모델 등의 진리성의 기준은 이들의 성과 또는 성공 여부이다. 그러나 분명한 것은 볼츠만 자신이 과학이나 철학이 실용적인 것인지 어떤지를 결정하는 문제에 대해서는 별 관심이 없었다는 것이다. 그는 과학자이지 인식론자는 아니었기 때문이다. 뿐만 아니라 추상화, 이상화된 대부분의 물리적 이론은 일상적인 사람들의 실천적 삶과 그렇게 가깝지 않다. 볼츠만에게 보다 현실적인 문제는 '과학계 내에 있는 개별적 이론들을 유지시켜 줄 수 있는 가장 적합한 진리 또는 진리의 기준은 무엇일까?' 하는 문제였던 것 같다.

볼츠만은 그의 학문적 연구의 초기에는 그가 경험이라고 명명한 것의 본질을 이해하는 것이 과학의 일차적인 목표라고 생각하였다. 이는 사실 칸트나 마흐의 학문 연구의 목표였던 것이기도 하다. 그러나 실천적 현상론에 가깝게 접근해 있는 이러한 현전주의적(現前主義的) 입장은 자기의 인식론적 관념론의 입장에 잘 부합되지 않았다. 왜냐하면 그는 실재적 인식은 무조건적으로 확실하다는 입장, 소위 절대적 확실성의 입장을 거부했기 때문이다. 이러한 맥락에서 실용주의적 진리 개념은 자기의 관념화된 이론 물리학이나 뉴턴 역학 일반을 위해 아주 적절한 것으로 고려되었다. 왜냐하면 자기의 이론이 우리의 일상적 경험이나 실제와 그렇게 잘 대응되는 것처럼 보이지 않았기 때문이다. 그렇게 하여 그는 적어도 이론 물리학의 영역 내에서는 철저한 인식론 및 철저한 대응론적 진리설을 거부하였다.

이상화된 물리적 이론들은 그것이 감각적인 것이든 초감각적인 것이든 그러한 실재를 정확하고 완전하게 기술할 수 없다고 생각하였다. 그러나 볼츠만은 개성이 강한 실용주의자 또는 실증주의자들처럼 일체의 존재론을 다 거부하는 것이 가능하다고 주장하지는 않았다. 아래에 볼츠만의 실용주의적 면모를 이해할 수 있게 하는 몇 가지 문장을 인용한다.

> 오류가 무엇인가에 대한 확고한 믿음이 오직 유용성에 의존한다면, 어떤 선천적 판단이 오류일 수 있다는 것도 선천적으로 확실할 수 없을 것이다.[10]

> 우리가 이러한 정신적 도식들을 진리라고 부른다면, 그 이유는 오직 이들이 미래의 현상들을 가능한 한 완전하고 충실하게 예견하는 데 유용하기 때문이다.[11]

> 최후의 판단에 있어 어떤 것이 진리 또는 거짓인가를 결정하는 것은 논리학, 철학, 또는 형이상학이 아니라 실천이다.[12]

---

[10] Ludwig Boltzmann to Franz Brentano, Vienna, November 19, 1903.

[11] Ludwig Boltzmann, 「On the Fundamental Principles and Equations of Mechanics」, *Theoretical Physics and Philosophical Problems*, Dordrecht, 1974, 261쪽.

[12] Ibid, 192쪽.

다양한 추론들은 실천적 성공을 이끌 때 오직 그때에만 정확하다.13)

오직 가치만이 삶을 향상시킨다.14)

성공이 진리의 유일한 기준이다.15)

그의 실용주의는 제임스의 실용주의처럼 실용주의 진리설 및 실용주의 의미론을 심오하게 전개한 것은 아니다. 그러나 유럽에서 물리학계의 거장들인 헤르츠(Hertz), 헬름홀츠(Helmholtz), 키르히호프(Kirchhoff) 등이 타계하고 난 이후로 볼츠만의 영향력은 매우 커졌다. 전자들의 생존 시에는 물리학 내외의 많은 과학자에 의해 실험물리학이 매우 중요한 것으로 취급, 권유되었다. 그러나 볼츠만이 물리학계의 중심이 되었을 때에는 그 중요한 이슈가 많이 바뀌었다. 몇 가지 주요 흐름을 요약하면 다음과 같다. 첫째, 이론 물리학은 관념화, 이상화된다. 둘째, 관념화된 물리학은 결코 실재에 정확하게 대응될 수는 없다. 셋째, 이론 물리학뿐만 아니라 다른 일체의 분과 학문들에서도 실재에의 대응이라기보다는 상대론적 진리설, 타당성, 건전성 등이 보다 더 중요하게 요구된다. 그러나 비평적 입장에서 볼 때 전자 둘은

---

13) Ibid, 192쪽.
14) Ibid, 197쪽.
15) Fasol-Boltzmann, op. cit, 142쪽.

어느 정도 수용할 수 있지만 세 번째 입장은 다소 지나친 것 같다.

정신 · 물질 동일성 이론

앞에서 분석한 것처럼 볼츠만은 한편으로는 '과학적 실재론'(scientific realism)을 지지하는 것처럼 보이며, 다른 한편으로는 '인식론적 관념론'(epistemological idealism)을 지지하는 것처럼 보였다. 그러나 그는 과학적 실재론이 지지하는 인과적 실재론에 대해서는 반대하였다. 즉 외적 · 물리적 실재가 우리의 감각이나 정신에 직접적으로 모종의 정보를 제공한다는 입장을 거부하였다. 그리고 그는 다른 한편으로 인식론적 관념론이 지지하는 '절대적 확실성'의 이론을 거부하였다. 즉 우리의 인식은 수학적 도식이나 구조에 의해 구성된 모델인데, 이들이 어떤 차원에서는 진리라고 할 수는 있지만, 그렇다고 절대적으로 확실하다고 할 수는 없다는 것이었다.

이런 차원에서 그의 진리 개념은 상대론적이고 실용주의적이라고 지적하였다. 그렇다면 그는 단지 잠정적인 차원에서 과학방법론 내지는 인식론에 대해 언급할 뿐이고, 모종의 세계관이나 존재론을 일관성 있게 주장하지는 않았다고 결론 내려야 하는가? 이에 관해서 볼츠만의 철학에 대한 초창기 주석가들 중의 한 사람인 알로이 뮐러(Aloys Müller)의 말에 따르면, 볼츠만은 일관성 있는 하나의 세계관을 가졌다고 한다.[16] 그는 그 증거로

---

16) Aloys Müller, 「Ludwig Boltzmann als Philosoph」, Philosophisches

1897년의 볼츠만의 주장 한 가지를 제시한다. "심리학적 과정들은 뇌 속의 어떤 과정들과 일치한다." 즉 볼츠만이 지지한 세계관은 '정신·물질 동일성' 이론이라는 것이다. 이러한 입장을 지지하는 볼츠만의 문장을 1903년 10월 27일에 있었던 철학 강의 노트에서 우리는 확인할 수 있다. "물리학은 심리학으로부터 분리되지 않는다. 그것은 단지 서로 다른 측면에 관계할 뿐이다."[17] 그러나 많은 볼츠만의 주석가가 인용하는 보다 중요한 문장은 이것이다.

> 우리 각자에게 직접적으로 주어진, 바로 그 사물은 각자 자신들의 정신적 현상으로 존립한다. 이것은 너무나 분명한 것 같다. 그러나 이 정신적 현상은 두뇌 과정과 일치한다 하더라도 두뇌 과정 그 자체는 아니다. 두뇌 과정은 기계적인 것이기 때문에 우리에게 인식되지 않는다. 반면 원자, 힘, 에너지 형태 등은 법칙과 같은 지각의 특징들을 표상하기 위해, 보다 나중에 구성된 정신적 개념이다. 그런데 다른 각도에서 보면 우리의 감각은 물리적 과정에 대한 단순한 고려가 아니라는 것이다. 따라서 그것은 물리적 과정들과는 전혀 다른 것이며, 물리적 과정에 없는 새로운 것을 첨가하는 데서 성립되었다는 것이다. 우리가 이것을 직접적으로 느낀다고 말하는데, 나는 이것을 어떻

Jahrbuch, 20, 1907.
17) Ilse M. Fasol-Boltzmann(ed), *Ludwig Boltzmann Principien der Naturfilosofi*, Springer, Berlin, 1990, 81쪽.

게 이해해야 할지 도저히 모르겠다.

위 인용문은 볼츠만을 간접적 실재론자로 해석하게 한다. 왜냐하면 우리가 의식하는 것은 정신적인 것이며, 물리적인 것은 우리가 의식할 수 없다고 주장하기 때문이다. 그러나 다른 한편으로 위 인용문은 볼츠만을 현상론자 혹은 관념론자로 해석하게 한다. 왜냐하면 그는 원자, 힘, 에너지 등을 정신적인 것으로 고려하며, 물리적 세계를 감각적 지각에 주어진 바와 동일시했기 때문이다. 뿐만 아니라 위 인용문은 그를 유물론자(唯物論者)로 해석할 수 있게 한다. 왜냐하면 그는 물리적 과정들이 가장 원초적인 '소여'(所與 : The given)란 주장을 하려고 노력하기 때문이다.

볼츠만의 입장을 제대로 해석하려면 그가 사용하는 '일치적', '인식하다', '기계적', '순수 물리적 과정', '다른 각도로부터' 등의 용어들의 정확한 사용법 내지 정의(定義)를 알아야 할 것이다. 그러나 그는 이들 개념에 대한 분명한 의미 범위를 제공하지는 않는다. 비판적 입장에서 만일에 그가 '기계적' 내지는 '물리적'이라는 용어의 정의를 '수학적'이라는 의미로 사용했다면, 그가 명백히 지지하는 현상론적 입장은 플라톤주의에 접근해 있다고 해석할 수 있을 것이다.

그러나 그는 플라톤주의자들이 주장하는 보편주의자들의 존재를 부정한다. 따라서 우리는 다시 원점으로 되돌아간다. 즉 감각-지각과 같은 의식적 내용들은 기계적 현상과 같은 무의식적 사태들과 어떻게 일치하는가? 우리의 심리적 과정들은 두뇌의 신경-생리학적 과정들에 대응하고, 후자들은 다시 외적 물리적 법칙들에 대응하거나 일치한다고 하자. 도대체 어떻게 대응하고 일치하는가?

볼츠만의 이러한 입장의 선구자는 로버트 지머만(Robert Zimmermann)과 에른스트 마흐(Ernst Mach)였다. 마흐는 다음과 같이 말한 적이 있다. "물리학적인 것과 심리학적인 것의 차이는 동일한 감각들에 대해 서로 '다른 방식들'(in different ways)로 관계한다는 사실에서 성립한다." 이러한 감각을 마흐는 '요소들'이라고 말했다. 따라서 감각적 요소-오늘날 용어로 하면 소위 '감각 소여'-는 물리학자와 심리학자 모두의 공통적 대상이라는 것이다. 단지 이를 토대로 물리학자는 물리학적 방식으로 심리학자는 심리학적 방식으로 분석하고 모델화한다는 것이다. 그도 '감각'과 '물리적인 것' 혹은 '기계적인 것' 사이의 근본적인 일치성을 인정하였다. 그러나 동시에 그는 마흐의 '다른 방식들'이라는 표현 대신 '다른 각도'(different angle)라는 용어를 사용하면서, 감각과 물리적인 것은 보는 각도에 따라 다를 수 있다는 것을 부연하였다. 즉 좀 '다른 각도'에서 보면 감각은 의식적인 것이지만, 물리적인 것은 무의식적인 것이라는 것이다. 우리로 하여금 감각을 고려하게 한 그 각도는 그러한 감각들에 대응하는 모종의 내용을 의식하게 하지만, 물리적·기계적인 차원을 우리로 하여금 고려하게 한 다른 각도는 그 어떤 종류의 감각적 소여에 대한 의식도 포함하지 않는다는 것이었다.

그런데 마흐는 우리의 의식은 심리적인 것과 물리적인 것

양자 모두를 포함하는 것으로 말했다. 이런 마흐는 '정신-일원론자'(psychomonist) 또는 '일원론적 정신주의자'(monopsychist)라는 비판을 받았다. 여기서 소위 마흐의 관념론이 유래했다. 그러나 볼츠만은 의식을 오직 심적인 각도에서 고려된 것으로 엄밀하게 한정했기 때문에, 앞에서 말한 이러한 '정신-일원론자'라는 비판을 모면할 수 있었다. 그러나 이럴 경우에도 앞에서 우리가 제기한 문제는 여전히 남는다. 즉 감각과 물리적인 것이 어떻게 일치될 수 있으며, 우리는 또한 그들이 일치한다는 것을 어떻게 알 수 있는가? 왜냐하면 볼츠만은 어떤 특별한 각도에서 고려된 사항에 대해서만 의식을 귀속시킬 수 있고, 다른 각도에서 파악된 사태들에 대해서는 의식을 귀속시키거나 연관시킬 수 없다고 보았기 때문이다.

그러나 이러한 모순에도 불구하고 볼츠만의 동일성 이론을 포기할 수 없게 하는 한 측면이 있다. 왜냐하면 볼츠만의 이 동일성 이론은 물리학 내의 현실적인 문제들을 이해할 수 있게 하는 장점을 가지기 때문이다. 잘 아는 바와 같이 물리학의 역사적 전개 과정에서, 빛은 어떤 관점에서는 파동으로 관찰되고 다른 어떤 관점에서는 입자로 관찰된다는 것이 사실로 드러났다. 이 문제를 어떻게 해석해야 될 것인가? 입자적 속성이나 파동적 속성은 모두 다 관찰자의 관점의 문제일 뿐, 사태 그 자체와는 전혀 무관하다고 할 수 있겠는가? 결국 실질적으로 존재하는 빛은 관찰의 조건에 따라 파동으로도 입자로도 관찰될 수 있는 그러한 속성을 다 가지고 있다고 추론하는 것이 가장 합당하지 않겠는가?

여기서 관찰의 내용은 감각적이고 따라서 의식적이다. 반면에 이러한 속성을 지니고 있는 근거의 존재, 즉 실재 내지는 실재성은 추론의 결과이거나 요청이라고 칸트처럼 말할 수 있을 것이다. 그러나 볼츠만은 이를 추론이나 요청이라고 말하기보다는 그러한 외적 존재의 사물을 단순히 믿었다. 즉 엄격히 논리적으로 말하면, 우리는 물리적 혹은 기계적인 속성을 가진 실재를 가정할 수 있고 추론할 수 있을 뿐 이를 직접적으로 관찰할 수는 없을 것이다.

그러나 그렇다고 해서 외적 실재의 존재가 단순한 추론의 결과나 요청일 뿐이라고 말하기에는 너무나 실재적인 것들에 둘러싸여 있다는 믿음에서 벗어날 수 없다. 즉 외적·물리적 실재를 흄처럼 단순한 감각으로 환원시키거나 후설처럼 외적 실재의 존재를 소박한 자연인의 믿음이라고 주장하며 해체하는 것은 우리의 상식적 믿음에 맞지 않다.

그런데 우리가 이해하는 물리적 법칙이나 모델들이 이러한 감각적 소여들로부터 직접적으로 도출되지는 않지만, 그렇다고 이러한 감각적 소여들에 아무런 상관성이 없다고 보기도 어려울 것이다. 이에 우리의 물리적 도식이나 모델들은 보기에 따라 감각-지각적 차원에 연관될 수 있으며, 그런 차원에서 실재 그 자체에 연관될 수 있을 것이다. 그러나 다른 각도에서 보면, 물리적 모델들은 순수 수학적 조작의 산물로 보일 수 있을 것이다. 즉 어떤 시각에서는 그러한 모델이 실재에서 직접적으로 연역되거나 추론된 것으로 보기는 어렵다는 것이다. 그러한 모델에는 다양하고 복잡한 문화적 상징 기호와 수학적인 조작이 불가피하게 개입되었기 때문이다. 이에 그러한 실재가 우리에게 해석될 때, 그것은 동일한 모델로 구조화될 수 없으며, 또 그럴 필요도 없을 것이다.

이를 종합하면 자연 그 자체−예컨대 빛 그 자체−가 파동적 속성과 입자적 속성을 다 가지고 있는 것처럼 보이듯이 어떤 관점에서는 물리적인 것과 심리적인 것이 서로 무관한 것으로 보일 수도 있다. 그러나 또 다른 관점에서는 평행하거나 일치(대응)하는 것으로 보일 수도 있는 속성을 모두 가지고 있다고 주장할 수 있지 않겠는가? 정신과 물질은 한 동전의 두 측면일 뿐이라고 해석한 스피노자의 존재론을 상기시키는 것이다. 요컨대 우리가 보기에 볼츠만의 '정신 · 물질 동일성 이론'은 자기 자신의 부정에도 불구하고, 단순한 과학적 방법론에 머물러 있는 것이 아니라 일종의 세계관 내지는 존재론을 함의한다.

최한기의 활동운화

경험주의 사상

최한기의 학문은 사상적으로 유학(儒學)의 토대 위에 자리하지만 종래의 학문관과 달리 근대적인 학문관(學問觀)을 제시하였다. 그는 1857년에 『기학』(氣學)의 출판을 통해 이런 자신의 새로운 학문관을 피력하였다. 신기(神氣)의 추측(推測)으로 얻어지는 '기학'은 유학의 인문 과학적 세계관과 자연 과학적 세계관이 동일한 차원의 진리라고 하였다.

여기서 최한기는 오로지 경험적 지식만으로 모든 학문(science)을 통합적 체계로 구축하려고 하였다. 이는 1965년 박종홍(朴鍾鴻) 교수가 경험주의 사상을 연구함으로써 한국 전통 과학 사상이 본격적으로 연구되기 시작하였다.

최한기의 사상은 연구 관점에 따라서 다양하게 평가되고, 또 규정되지만 그의 사상이 기존 유학의 한계 내에 있으면서도 근대성을 추구했다는 점에서는 모두 동의한다고 생각한다. 그러나 최한기의 문장 속에 사용된 '경험'(經驗)은 서양철학 언어로서의 경험(experience)과는 전혀 별개의 의미로 쓰였다는 사실이 박종홍 등 많은 학자의 연구에서는 나타나 있지 않다. '경험'은 experience가 아니고 경(經)과 험(驗)이라는 두 의미체의 합성어이며, '체험(體驗)을 한다', '증험(證驗)을 한다'는 의미를 지니고 있는 것이다.

신기통(神氣通)이라 할 때 신기(神氣)가 지각(知覺 : 알고 깨달음)의 주체로 정한 것이지,[18] 이것이 우주적 함의(cosmic significance)를 지니고 대상 세계와 구분되는 감각의 주체로서 정한 것은 아니다. "지각자(知覺者), 신기지경험야(神氣之經驗也)"라고 한 것도 우주적인 현존(現存 : 有形, 物質)의 신기가 인간의 증험을 거치게 됨으로써 알고 깨달음의 현상이 됨을 의미한다. 최한기의 인식론

---

18) 『神氣通』卷1, 「物我證驗」.

은 감각과 지각의 경험을 통해 형성된 동적(動的)인 인식 과정과 판단의 총체를 말한다. 이것은 추측(推測)의 산물이다. 추(推)와 측(測)은 서로가 서로에게 체용(體用)이 되는 것이다.

학문(學問)은 주역(周易)의 학이취지(學而聚之)와 문이변지(問而辨之)인 것이다. 학(學)은 단순화(simplity) 과정이고 문(問)은 예측성(diagnose)의 작업이다. 추(미룸)란 감각과 지각, 경험의 구체적 자료에 의거하는 것이다. 추는 바로 학(學)이다. 측(헤아림)은 추를 기반으로 인식을 구성하고 사태를 판단하며 행동의 방향을 결정하는 것을 가리킨다. 여기서 측은 추에 의해 형성된 기본 지식 또는 지혜로 미지의 시스템에 맞는지 예측하는 것이다. 최한기는 추측하는 일이 인간의 과업이라고 하였고, 그의 인식적 원리이자 학문 방법이라고 하였다. 그의 모든 저작은 추측의 도구와 방법과 지평을 알려 주기 위한 것이라고 요약할 수 있다.

그는 『추측록』(推測錄)의 「서문」을 이렇게 시작했다.

> 하늘을 이어받아 이루어진 것이 인간의 본성(本性)[19]이고, 이 본성을 익히는 것이 미룸[推]이며, 미룬 것으로 바르게 재는 것이 헤아림[測]이다. 미룸과 헤아림은 옛부터 모든 사람이 함께 말미암는 대도(人道)이다.[20]

---

19) 성(性)은 성즉리(性卽理)에서의 성(性)이 아니다. 그것은 최한기가 생각한, 인간에게 본래 부여된 본래적 바탕과 잠재적 기능을 뜻한다. 최한기는 이를 신기(神氣)로 파악하였다. 그는 '굳이 말하라 했으면, 틀림없이 성즉기(性卽氣)'라고 말했을 것이다.

20) 국역『氣測體義』卷1-179.

기학에서는 감각 경험을 토대로 하여 추측하는 것을 추측지통(推測之通)이라고 하는데, 기학에서 강조하는 인식 방법인 견문추측(見聞推測)이란 바로 형질지통(形質之通)에 추측지통을 더한 것이다. 형질(形質)은 바로 물질이다. 그리고 여기서 추측을 통해 이루어지는 추측지리(推測之理)가 만들어진다.

그의 인식 이론에서 성과는 절대적 진리와 상대적 진리의 인식이다. 이 인식은 자연 법칙을 인간의 생각 산물로 생각하는 주관주의(主觀主義)를 극복하고 여러 형태의 상대주의, 불가지론(不可知論)을 극복할 수 있는 근거이다.

그는 운화지리(運化之理) 또는 유행지리(流行之理)라는 개념으로 절대적 진리를 나타내고, 추측지리라는 개념으로 상대적 진리를 나타내었다. 인간의 지식은 객관세계로부터 온 것이고, 그것은 불완전하여 객관세계에 계속 검증을 받아야 한다. 추측지리는 변통(變通)을 통하여 운화지리에 일치할 수 있다. 그러므로 그 일치 여부는 증험[試驗]을 통해야만 하는 것이 된다.

지식은 경험을 통해서 생기고 신기의 추측을 통하여 새로운 경험에 적용되며, 그것이 증험되었을 때 올바른 것이 된다. 그러므로 인식의 과정은 외부 세계의 경험적 재료가 신기에 물들면[習染], 신기의 물질적 속성에 따라 추측[推理 : 判斷過程]이 일어나고 지식이 형성되며, 지식을 저장해 두었다가 외부 세계에 적용하는 과정이다. 이 과정을 간단히 정리하면 외부 세계로부터 자료를 모으고 신기에 저장하였다가 다시 외부 세계에 쓰는[用] 과정의 연속이다.

변통은 나의 추측과 다른 사람의 추측을 통합하는 목적 의식적 행위로 그 핵심은 의사 소통과 사회적 화합의 실현에 있다. 따라서 추측과 변통은 객관적인 현실 세계와 사회를 전제로 하여 성립하는 것이며, 자기 마음이나 책의 탐구에 중점을 두는 전통적인 주자학의 방법과 구별된다.

최한기의 이러한 방법론은 실학의 정치, 사회, 경제적 견해의 방법론을 논리적으로 체계화한 것이라 할 수 있다. 그러므로 기학은 이 추측지리의 객관성과 정밀성을 얻기 위해 과학적인 검증이 필요하다고 한다.

검증하여 잘못된 것을 바로잡는 것을 변통이라고 하며 검증하고 변통하는 것을 증험(證驗)이라 한다. 여기서 변통이란 하늘[天]로부터 받은 불변의 원리 혹은 천리(天理)인 유행지리에 맞지 않는 추측지리이다. 이 잘못된 추측지리를 변통함으로써 토마스 쿤(Thomas Kuhn)의 패러다임(paradigm) 이론21)처럼 새로운

---

21) 제레미 리프킨, 김명자 역, 『과학 혁명의 구조』(까치글방, 2002). 일반적으로 과학은 경험, 데이터를 토대로 어느 쪽이 올바른가를 판단할 수 있는 특징이 있다. 이 일반적인 사고방식에 대해 쿤은 현실의 과학 발전은 그렇게 되지 않고 있다고 반론을 제기했다. 그는 과학의 발전은 어떤 지배적인 사고방식 하에서의 점진적인 진보와 지배적인 사고방식의 혁명성, 비연속적인 변화라는 두 개의 과정으로부터 성립된다고 생각하고, 이 지배적인 사고방식을 패러다임이라 불렀다. 그는 패러다임이 바뀔 때는 데이터나 논리에 의한 설득은 통용되지 않는다고 주장하고, 오히려 그것은 혁명이라는 형태를 취한다는 것이다. 쿤은 '패러다임이란 일반적으로 인정받은 과학적 업적으로서, 일정한 기간 동안 전문가에 대해 질문 방식이나 대답 방식의 모델을 부여하는 것'이라고 정의하

추측지리를 얻어서 개선해 나갈 수 있는 것이다.

이러한 인식 방법의 최종 목표는 유행지리 혹은 운화지리를 마음속 깊이 인정하여 천인합일(天人合一)의 경지에 이르는 데 있다. 이것이 기학적인 깨달음이고 존재론적 원리(ontological principle)이다.

통섭(統攝)

그의 학문관은 서학(西學)의 깊은 영향에서 비롯되었다는 사실에 주목할 필요가 있다. 서양에서는 르네상스 시대의 자연에 대한 탐구 정신이 근대 과학을 낳았고, 그 성과는 천문학에서 나타났다. 지리상의 발견과 지진설(地震說), 대기에 대한 티코 브라헤(Tycho Brahe, 1546~1601)의 대기설(大氣說)이 최한기에 의해 이해, 수용된다.

과학의 성과를 활동운화하는 신기의 철학, 즉 기학의 입장에서 해석한 것이다. 최한기는 뉴턴의 만유인력 법칙이 우주의 통일성을 잘 설명했다는 점에서 이전의 천문학과 수준이 다르다고 높이 평가하고, 이러한 우주의 통일성은 운화기의 세계관을 잘 증명하는 것이라고 하였다. 그러면서도 그는 뉴턴의 만유인력이 '멀리 떨어진 물체 사이에 상호 작용하는 힘'을 수학적으로 이론화한 것임을 무시하고, '기륜설'(氣輪說) 또는 운화기를 제시하였다.

고 있지만, 일반적으로 또 쿤 자신도 그것을 '과학자들 사이에 공유된 기본적인 세계관, 대상의 세계에 대한 이미지'라는 의미로 사용하고 있다.

기륜설은 별들의 몸체를 기가 둘러싸고 있는데 이것을 기륜(氣輪)이라 하며, 우주 별들의 운행과 힘의 전달은 이 기륜의 접촉으로 생기는 것이라고 보는 설이다.

이와 같이 최한기는 기학(운화기)의 세계관을 근거로 서양 과학을 이해하였기 때문에 뉴턴의 만유인력 법칙과 자신의 기륜설이 공간에 대한 인식에서 정면으로 대립하는 것으로 보지 않고 오히려 과학이 자신의 철학적 세계관을 받아들여야 할 것이라고 주장한 것이다. 이런 점에서 인간의 사유 기관에 대한 문제에서도 서양 과학이 뇌(腦)를 사유 기관으로 보는 것에 반대하고, 사유를 담당하는 신체의 특정 부분이 있는 것이 아니라 신체 안의 유동적이고 통일체인 신기가 담당한다고 주장하였다.

기학은 전통의 학문을 포괄하지만 특히 역학(曆學), 수학(數學), 물류학(物類學), 기용학(器用學)과 같은 서양의 새로운 과학 기술에서 그 성격이 더욱 분명히 드러난다. 그리하여 학문 발달 단계의 측면에서 자신의 새로운 기학을 만들었다. 그러나 최한기는 기학은 자신의 창안에 의해 생긴 것이 아니고 오랜 인지(認知)의 축적을 바탕으로 이룩된 인류 역사의 결실로 이루어진 것이라고 말한다.

> 만물을 총괄하고 운동 변화가 무궁한 것으로 지구[地], 달[月], 해[日], 별[星]이 이로 인해 움직이고, 풍우(風雨)와 한서(寒暑)가 이로 인해 생기는 것인데도 상고(上古) 사람들은 미처 알지 못했고, 그 다음 시대 사람은 의심만 했고, 중고(中古) 사람들은 제멋대로 이해했는데, 근대의

사람들이 시험 응용하기 시작하고, 모든 사람이 이것을 쓰게 되었다. 이것은 고금(古今)의 사람이 협력하여 추출해내고 원근(遠近)의 사람이 서로 논증하여 밝힌 것으로 그 이름은 기(氣)이다. 이 기로써 학(學)을 삼으니 고금에 비교 검토해 보면 학의 차이를 알 수 있을 것이다.22)

위의 최한기의 말과 같이 기학의 특색은 기의 유형(有形), 유측(有測), 유수(有數)의 성질에서 기인하는 것으로 역수(歷數)와 기용(器用)으로 검증하고, 수량화함으로써 객관성과 보편성을 지니고 있다는 것이다. 또한 최한기의 기학에서는 자연계의 설명뿐만 아니라 인간과 윤리의 문제까지도 설명할 수 있다고 믿는다.

기의 운동은 대기운화(大氣運化), 통민운화(統民運化), 인신운화(人身運化)로 나눌 수 있는데, 적용 범위는 다르나 그 원리는 일기(一氣) 또는 일물(一物)의 운화로 환원되는 것이라고 한다.

기학의 효과는 천지자연과 인간, 사물이 하나로 통일된 운화의 형적(形迹)에서 찾아질 수 있어, 비단 나 혼자 닦아 밝게 하는 것이 용이할 뿐만 아니라 다른 사람을 가르치는 데도 이로움과 편리함이 있다.

이것을 오늘날의 표현으로 바꾸어 말하면 자연 과학의 원리에 사회 과학, 인문 과학이 포함되는 회통 과학(會統科學) 또는 통섭

---

22) 『氣學』卷1-3 : "總包萬有, 運化無窮, 地月日星賴此斡旋, 風雨寒署由此發作, 上古人未及知, 次古人所疑惑, 中古人所揣摩, 近古人所試用, 天下人所通行, 是乃古今人協力抽拔, 遠近人相證闡明, 其名曰氣, 以此爲學, 較驗千古 今學之差異."

(統攝)이라고 할 수 있다. 이것은 요즈음 에드워드 윌슨(Edward Wilson)의 통섭(Consilience : The Unity of Knowledge)보다 앞선 시대에 추구되었다. 통민운화인 정치, 도덕의 원리가 대기운화라는 과학의 원리에 포함되어 설명될 수 있을지는 의문이다. 그러나 인간의 가치로 천지의 운행 원리를 설명하는 전통적인 유가의 입장을 뒤집어 인도(人道)의 근거를 물리에서 찾는 기학(氣學)은 근대적인 통합적 세계관을 지향하는 획기적인 시도이다.

유형지물(有形之物)

존재론적 원리(ontological principle)는 '비존재는 존재하지 않는다'는 것을 나타낸다. 존재로부터 비존재의 배제를 뜻한다. 즉 모든 것은 존재해야 하는 것이다. 이것은 모든 것은 반드시 유형(有形)의 세계에 근거해야 한다는 것이다. 지금까지 무형(無形)이라고 생각해 온 모든 것의 존재는 유형적 존재이다. 무형의 존재는 없다. 생각할 수 있는 모든 존재도 결국 유형지물(有形之物)로부터의 추상일 뿐이다. 없는 것[無]에서 존재가 생길 수 없다. 모두 형(形)이 있고 난 후의 사태이니 모두 일형(一形), 곧 일물(一物)에 통섭되는 것이다.

이것이 기학의 자연관이다. 엄격히 말해 최한기에게 있어 '자연'이란 존재의 근거 내지는 존재의 근본 원리를 뜻하는 말이지만, 그것은 동시에 구체적 존재로서의 만물에 '통'(通)한다는 점에서 오늘날의 생태학적 개념과도 연결된다. 그러므로 비록 최한기 스스로가 그렇게 말한 적은 없지만, 오늘날의 견지에서 해석한다면 최한기의 사유체 내에서 자연은 두 가지 의미-즉 존재 근거로서의 자연과 존재로서의 자연이라는 의미-를 다 내포하고 있다고 볼 수 있다. 이 둘은 전혀 다른 범주에 속하지만 또한 서로 연결되어 있다. 이 점에서 최한기의 자연 개념은 서양 근대의 기계론적 자연 개념과 성격을 달리한다.

자연(nature)에 대해서 서양 근대 사상은 두 가지 관점을 보인다. 하나는 자연법(law of nature) 내지 이성(理性)의 근거로서 인간의 도덕적 본성을 가리키는 내적 자연이며,[23] 다른 하나는 신의 피조물 중 인간을 제외한 일체의 동물·식물·무생물을 가리키는 외적 자연이다. 인간 역시 신의 피조물이지만 인간은 신의 모상(模像)으로 창조되었으며, 이성을 소유하고 있기에 다른 피조물과 본질적으로 다르다. 신은 인간과 자연을 창조할 때 인간에게 자연을 이용하고 지배할 수 있는 권한을 부여하였다.

하지만 최한기는 이런 생각에 동의하지 않았다. 그는 서양에서 말하는 인격신(人格神)이란 가상적 허구에 불과하며, 따라서 실제 그 자리에 놓여야 할 것은 자연의 대기운화로 보았다. 이 경우 자연은 곧 천(天)이며, 기(氣)며, 신(神)이다. 요컨대 그의 사상에서 신은 바로 자연이다. 그리고 이 신은 구체적 자연, 즉 존재로서의 자연에도 통하는 바, 그 점에서 천인(天人)은 일체를 이룬다. 천인 운화란 바로 자연의 운화 영향으로 인간도 운화된다는 것이다.

그의 기학에서 이룩된 기철학(氣哲學)의 이러한 변모는 '기'

---

23) A. N. 화이트헤드, 오영환 역, 『과학과 근대세계』(서광사, 2008), 184쪽.

(氣)가 갖는 물질성과 정신성의 양면 가운데 물질성을 보다 강하게 주장하는 방향으로 '기' 개념의 변화가 꾀해진 것이라는 점에 유의할 필요가 있다. 이렇듯 단순화의 위험을 무릅쓰면서까지 유형을 강조함으로써 그의 학문은 마침내 실용성과 유용성을 가장 합당하게 내세울 수 있게 되었다.

최한기는 『기학』의 첫머리에 다음과 같이 언급하고 있다.

> 중고(中古: 재래의 모든)의 학문은 대부분 무형(無形)의 이(理)나 무형의 신(神)을 종주(宗主)로 삼고, 그것을 가치적으로 우위에 놓고, 또 고매한 것으로 간주하였다. 그리고 유형(有形)의 물(物)이나 증험 있는 사(事)를 종주(宗主)로 삼으면, 그것은 하천한 것이요 용렬한 것이라 낮잡아 보았던 것이다. …… 하늘 아래 형(形)이 없는 사물이 있을 수 없고 우리의 가슴 속엔 형이 있는 추측이 있을 뿐이다. 기학이 성립된 이후로는 학문과 기술에 기준이 서게 될 것이요, 유형(有形)의 이(理)를 들어 유형(有形)의 이(理)를 전습(傳習)하고, 유형의 신(神)을 천명(闡明)하여 유형의 신(神)을 실생활에 적용하게 될 것이다. 그리하여 집안·나라·천하에 실천의 단계가 있게 되고, 수(修)·제(齊)·치(治)·평(平)으로 옮아갈 표준이 있게 될 것이다.[24]

---

24) 『氣學』 「序」: "中古之學, 多宗無形之理, 無形之神, 以爲上乘高致. 若宗有形之物, 有證之事, 以謂下乘庸品. …… 天下無無形之事物, 胸中有有形之推測. 從今以後, 學術有準, 擧有形之理而傳習有形之理, 闡有形之神而承事有形之神. 家國天下, 有實踐之階級, 修齊治平, 有推移之

그리고 「운화측험」(運化測驗)의 끝머리에 다음과 같은 말을 하고 있다.

> 무형(無形)의 이(理)와 무형의 신(神)을 받들어 배움으로 삼고 가르침으로 삼아, 그것을 유형(有形)의 이(理)와 유형의 신에 덮어씌우면 그 받들고 행하는 바가 그 허(虛)와 실(實)이 상반(相反)되고, 유(有)와 무(無)가 별개로 분리되어 버리고 모든 것이 어긋나 버릴 뿐이다. …… 옛사람들이 이(理)라 말한 것은 우주에 충만한 운화기의 추측(推測)을 지칭한 것이요, 신(神)이라 말한 것은 이 운화기의 영명(靈明)한 측면을 지칭한 것일 뿐이다.25)

장횡거(張橫渠, 1020~1077)는 『정몽』(正蒙)에서 '무무'(無無: 無가 없음, 즉 비존재가 없음)를 말하였다. 최한기는 더 나아가 모든 무(無)가 곧 유(有)임을 말하고, 모든 무가 유로 통섭됨을 말하였다. 그의 무무(無無)는 형이상학적 추론의 결과가 아니요, 현실 세계의 실상의 기술이다.

따라서 최한기에 있어 무무(無無)라는 형이상학적 정립(定立)은 진공(vacuum)은 존재하지 않는다는 물리학적 주제로 바뀌게 된다. 이 세계는 무(無)가 끼어들 틈도 없는 유형의 세계다. 그

柯則."

25) 『運化測驗』: "宗無形之理無形之神, 爲學爲敎, 而敷行於有形之理有形之神, 則所宗所行, 虛實相反, 有無判異, 率多違戾. ……古人之曰理, 指此氣之推測也; 曰神, 指此氣之靈明也."

유형의 가능한 극소 단위를 곧 '기'라 부르는 것이다. 이것은 바로 막스 프랑크(Max Planck)의 양자(量子 : E=hν)이다.

그 기(氣 : 物)의 형태를 질(質)이라 부르고, 우리 감각 기관에 포착될 때[通, 共鳴, resonance] 물질을 느끼는 것이다. 바로 물질이 기학의 존재론적 원리이다.

물내신(物乃神) 사상

최한기의 '기'(氣) 개념은 근대 자연 과학을 반영하여 근대 철학의 '물질' 개념에 접근하였다. 그는 기의 속성을 '활동운화'라고 규정하여 '생기(生氣)가 끊임없이 움직여 두루 돌고 크게 변화를 이루는 상태'로 설명하였다.

기를 '생기'라고 표현함으로써 물활론적(物活論的) 흔적을 가지고 있지만, 이것은 기 이외에 관념적인 존재를 배제하기 위한 논리적 작업의 결과였다. 이것은 당시에 전파되고 있던 서양 종교의 신학적(神學的) 세계관에 대한 비판의 의도에 직접적인 원인이 있다고 볼 수 있다. 그의 기 개념은 인식론적으로 인간의 의식으로부터 독립한 객관적 실재라는 인식이 들어 있다. 그것은 추측지리(推測之理)와 유행지리(流行之理)의 관계 속에서 드러난다.

이와 같이 존재하는 모든 것은 형(形)을 가지고 있는 활물(活物)인데 물(物) 자체가 기(氣)를 가지고 있다는 것이다. 이렇게 기학은 동양 문화권에서 경험적 합리론적 체계이다. 이것은 서양의 열역학적 합리적 체계에서 우주 에너지의 총합은 일정하다는 에너지 보존 법칙(열역학 제1법칙)과 일맥상통한다. 그는 기일원론자(氣一元論者)로서 세상의 모든 물질은 한 덩어리 활물(活物)로서, 고정되어 있는 것이 없고 끊임없이 변화한다고 보고 두 가지 기 개념을 제시한다. 한 가지는 형질(形質)의 한 덩어리 기(열역학 제1법칙)이고, 또 다른 한 가지는 순환(循環)하고 변화[運化]하는 기(열역학 제2법칙의 entropy)라고 하였다.

그러면 형질의 기는 무엇이며 순환하고 변화하는 기는 무엇인가? 전자는 지구 · 달 · 태양 · 별과 만물의 형체 있는 것들을 가리키고, 후자는 비, 햇볕, 바람, 구름과 추위, 더위, 건조함, 습함을 말한다.26) 그리고 순환하고 변화하는 기는 곧 모습[形]이 있는 신(神)이다. 이 신은 기의 신비한 성질을 나타내는 말이므로 항상 기를 따라서 발현하고, 기를 떠나서는 홀로 존재하지 않는다. 마치 신과 기의 관계를 그림자와 형체, 빛과 촛불의 관계처럼 설명하였다.27)

최한기는 1857년 『기학』에서 기(氣)의 능함을 신(神)이라 한 반면, 기의 신은 순환하고 변화[運化]하는 능함이라 하였다. 곧 신은 순환과 변화가 가능함을 지적함으로써 순환하고 변화하는 기가 곧 신이라 하였다.

대체로 이 기는 한 덩어리의 활물(活物)이므로 본래부터

---

26) 『氣學』卷1 : "氣有形質之氣, 有運化之氣, 地月日星, 萬物軀殼, 形質之氣, 雨暘風雲, 寒暑燥濕, 運化之氣也."
27) 『神氣通』卷1, 「體通」, 「神通」.

순수하고 담박하고 맑은 바탕을 가지고 있다. 비록 이 기는 소리와 빛과 냄새와 맛에 따라 변화하더라도 그 본성만은 변하지 않는다. 이에 그 전체의 덕을 총괄하여 신이라 한다.[28]

최한기는 기의 생명이 있고 운동하고 순환하고 변화하는 속성[活動運化]을 신이라 하니, 천(天)에는 대기(大氣)의 신이 있고, 인(人)에는 인기(人氣)의 신이 있으며, 물(物)에는 물기(物氣)의 신이 있다고 하였다. 신의 활동 모습이 활동운화의 기에 드러났으니, 기를 알면 신을 알고 기를 보면 신을 보며 기를 알지 못하면 신을 알지 못한다고 하였다. 그는 활동운화(活動運化)하는 기(氣)를 '신기'(神氣)라고 지칭하기도 하는데, 천지지기(天地之氣)와 마찬가지로 신기도 현상의 세계와는 별도로 존재하는 어떤 것이 아니라 기의 한 측면 혹은 한 성격을 나타내는 것일 뿐이라고 하였다. 국어사전에는 신기를 '만물을 만드는 원기(元氣)', '신비롭고 불가사의한 운기(雲氣)', '정신과 기운' 등으로 표현하였다.

신을 기의 펼침[伸=申]으로 본다든지 운동 능력으로 보아 기와 신을 동일시함[29]은 최한기나 기존의 기철학자와 마찬가지이다. 하지만 장재(張載 : 橫渠)나 화담(花潭, 1489~1546)이 신기를 기의 보이지 않는 신비한 능력을 지칭한 데[30] 비해 최한기는

---

28) 『神氣通』卷1, 「氣之功用」.
29) 『人政』卷5, 「運化善不善」.
30) 장재나 화담은 신(神)을 음양(陰陽)의 조화(造化)가 복잡 미묘하여

신기를 알 수 없는 신비한 그 무엇이 아니라 인식과 운동 변화를 가능하게 하는 형체가 있는 기로 보았다.31) 즉 신기는 바로 '활동 운화하는 기'이며, 존재 양태에 따라 천지의 신기와 형체의 신기로 구분되기는 하나 본질적으로 성격이 다른 것은 아니다.32) 그렇기 때문에 최한기는 인간에게 일어나는 몸의 생리대사를 기(氣 : 神氣)의 활동운화로 인식하고 하늘의 움직임을 통해 역시 기(氣 : 神)를 추측할 수 있다고 보았다. 이것이 신기의 보편성이다. 신기는 지각 작용 그 자체는 아니나 지각을 가능케 하는 기의 한 속성이고 동시에 지각의 대상인 셈이다.

> 신기는 지각의 근원이고 지각은 신기의 경험이니, 신기를 지각이라고 이를 수 없고 지각을 신기라고 이를 수도 없다. 경험이 없으면 신기가 있을 따름이니 경험이 있어야만 신기가 지각을 갖게 된다.33)

여기서 혜강의 천지지기나 신기는 현상계를 이루는 기와 구분되는 별개의 것이 아닌 현상의 경험적 인식의 보편성을 보장해 주는 개념이다. 혜강은 모든 물질적 존재의 근원이라는 의미를 지닌 이 기 개념에서 서양과학의 경험주의 인식론을 접합시킬

알 수 없음으로 해석한다. 구체적으로는 귀신이 지니는 성격을 말하기도 한다. "鬼神者 二氣之良能也."(張載. 『正蒙 · 太和』)

31) 『神氣通』卷1, 「知覺優劣從神氣以生」.
32) 『神氣通』卷1, 「通有得失」.
33) 『神氣通』卷1, 「經驗乃知覺」.

수 있는 형이상학적 근거를 마련했다고 할 수 있겠다.

이는 신은 곧 기요, 기는 곧 신인 것이다. 창조의 신비는 우주 밖에서 우주 내로 진입하는 것이 아니라 풀 한 포기[物]의 활동운화에 내재하는 신이다. 이분법적 사고의 서양 학문이 말하는 무형의 하느님이 아니라 유형의 '신'(神)이 되어야 한다. 여기서 기와 신은 체용(體用)의 관계이다. 신과 기를 함께 말하면 신은 기의 중심에 있다. 즉 신은 기의 어울림(concrescence) 또는 공명(resonance) 속에 내재하는 것이다. 그리고 신 하나만을 떼어서 말하면 기는 체(體)요, 신은 용(用 : function)을 일컫는 것이다. 그러므로 기가 곧 신이요, 신이 곧 기다. 이것은 재래의 모든 학문에 대한 코페르니쿠스적 반전이다.[34] 이것은 서양 근세기 철학자 화이트헤드(Whitehead, 1867~1947)가 신(God)을 영원한 객체(eternal object)로 보지 않고 시공을 갖는 유형의 현실적 존재(actual entity)로 본 것과 거의 동일한 생각이다.

그는 종래의 기 개념에서 진일보하여 신기라는, 그의 우주에 대한 독창적인 사유체계를 세웠다. 신기는 활동운화인 것이다. 이것은 존재(being : 씨앗)가 아니라 생성(becoming : 창발력)인데 변화 생성에 있어서만 존재하는 사물의 실상적(實相的) 원질(原質)이다. 생성은 곧 유기체적 우주로서 생생지위역(生生之謂易)의 역적(易的)인 본질이다. 태극이니 하는 모든 초월적 사태도 결국 이 생성에 포섭되는 것이다. 이것이 바로 『주역』에서 말하는

---

[34] 『氣學』卷2-74 : "蓋古之論說, 理爲主, 理氣爲用, 氣學論說, 氣爲體, 而理爲用."

개물성무(開物成務)의 작업이다. 운화를 통해 새로운 물질이 끊임없이 생성되는 것이며 혼돈과 질서[太極]는 항상 공존한다. 변화의 중심, 즉 무극이 태극이다[窮窮乙乙命命中中].

신기란 모든 존재[物]는 그 자체로 변화한다는 것이다. 우주 가운데에서 신기가 아닌 것이 없다. 모든 물질은 신기를 내재하고 있다. 세상 모든 물질은 스스로 통할 수밖에 없는 것이다. "통할 수 없다"라는 것은 기에서 신이 소멸한 것이다. 그것은 죽음이다. 이 통(通)을 최한기는 지각(知覺)이라 부른다. 지(知)를 감각(sensation)의 단계라 한다면 각(覺)은 그것을 뛰어넘는 고도의 인식 작용(epistemological function)이다.35) 사물의 기(氣)가 통(通)과 통해서 공명(resonance)이 일어나 생성이 이루어진다. 신기의 활동운화는 사물의 통하는 과정인데, 이것이 곧 시공(時空)인 것이다. 시공 창출의 신기적인 기술이 곧 활동운화인 것이다.

활(活)은 모든 물질이 살아 있는 생기이다. 동(動)은 살아 움직인다는 의미의 진작이다. 운(運)은 통하려는 주선(周旋)이다. 화(化)는 통하여 생성되는 의미의 변통이다.36) 이 과정의 신기는 시공의 최소 단위인 막스 프랑크의 양자(量子)와 상통한다.

---

35) 『神氣通』「序」: "天民形體, 乃備諸用, 通神氣之器械也, 目爲顯色之鏡, 耳爲聽音之管, 鼻爲嗅香之筒, 口爲出納之門, 手爲執持之器, 足爲推運之輪, 總裁於一身而神氣爲主宰. 『神氣通』卷1, 體通, 經驗乃知覺, 神氣者, 知覺之根基也 : 知覺者, 神氣之經驗也."

36) 『氣學』卷2-84 : "惟言氣, 則一團全體, 不可以劈破形言, 又不可以着手分開, 故以活動運化之性, 分排四端, 始可以形言, 又可以着手, 猶爲不足, 則又釋之, 以活生氣也, 動振作也, 運周施也, 化變通也."

기(氣)는 시공(時空)을 구성하며 유형일 수밖에 없다. 여기서 기 그 자체의 내부 사정은 시공적 논의가 불가능하다. 그러나 기를 통하게 하는 원동력인 신기의 세계에서는 시공의 논의가 가능하다.

> 그러므로 구분하면 자연히 순서가 있고, 합하면 한꺼번에 모두 반응하게 되어 활(活) 가운데 동(動)·운(運)·화(化)가 있고, 동(動) 가운데 활(活)·운(運)·화(化)가 있고, 운(運) 가운데 활(活)·동(動)·화(化)가 있고, 화(化) 가운데 활(活)·동(動)·운(運)이 있다.37)

그리고

> 활(活)·동(動)·운(運)·화(化) 그 본성의 신령함을 가리켜서 '신'(神)이라고 일컫는다.38)

신기는 곧 활동성(activity)을 가지고 감응(prehension)한다. 곧 살아 움직이고[活動] 느끼고 생성되는[運化]것이다. 신기로 구성된 우주는 끊임없이 살아 움직이며 느끼고 변화한다. 이것이 최한기의 생명적 우주이다. 그의 시간·공간 자체는 '생명'이다. 그는 '천하 인민을 하나로 보는 것이 가장 광대한 사랑'39)이고,

---

37) 『氣學』卷2-13 : "是以分之, 則自有次序. 合之, 則一時感應, 活中有動運化, 動中有活運化, 運中有活動化, 化中有活動運."
38) 『氣學』卷2-92 : "指其性之靈而稱神也."

'사람과 물(物)을 박애하는 것이 참으로 사랑'40)이라는 일종의 박애주의의 태도를 보이기도 한다. 존재론이 서로 통하여 공명하며 나눔이 바로 박애이고 사랑인 것이다.

결론적으로 최한기의 기관(氣觀)은 '세상 만물이 살아 있는 신기 덩어리'라는 것이다. 이것은 물(物)이 곧 신(神)이라는 삼세관(三世觀)을 주장한 일운(一雲) 이동화(李東和)의 물내신(物乃神) 사상과 유사하다.41) -여기서 신(神)은 최한기의 신기인 것이다- 이것은 물질에 관한 새로운 패러다임이라고 할 수 있다. 곧 신물질론(neomaterialism)이다.42)

---

39) 『人政』: "言神氣, 則神包氣中 : 單言神, 則氣之功用現著也, 氣卽神, 神卽氣, 而古之人多以神氣爲二, 易入于虛誕奇異, 至使後人渾淆無準, 始不知氣, 從不知神, 苟能於氣, 有見得形色影響, 運化功用, 瞭然透徹, 可知其神, 又知其不外於氣."

40) 『氣學』卷2-1 : "若謂之造化, 謂之造物, 則有制作之意, 而歸屬於主宰也, 神也, 理也, 是皆無形無質也, 以無形之物, 造有形之物, 誰能明其實然也? 旣有此大氣之活動運化的實可據, 則造化造物之造字, 快非實象也."

41) 『物乃神과 宇宙原理』「序」: "國祖檀君創世化, 弘益人間我知我, 國師水雲近世化, 與人如天人乃天, 國人一雲永世化, 似物與神物乃神." [국조 단군의 창세화, 널리 모든 인간과 만물을 이롭게 하여 자아를 인식한다(홍익인간 사상). 국사 수운의 근세화, 사람은 하늘과 같아 사람은 곧 하늘이다(인내천 사상). 국인 일운의 영세화, 사물은 귀신(에너지)과 같아 사물이 곧 신(에너지)이다(물내신 사상).] 이우붕, 「物乃神 이론」(경북대학교신문 제720호, 1975).

42) 시공 4차원 세계에서는 입자와 파가 동일(同一)한 실체이다. 빛의 실상(實相)은 파인 동시에 입자다. 그러나 3차원 세계에서는 다르게 인식

서양의 인간 중심의 이분법적 사고로 인해 발생하는 현재 지구 환경 문제를 해결할 수 있는 것은 물내신 사상이다. 이 사상은 사람 입장에서 만물을 보면 사람은 귀하고 만물은 천하지만, 만물의 입장에서 사람을 보면 만물이 귀하고 사람이 천할 것이다. 그러나 하늘-자연-의 입장에서 보면 사람이나 만물은 균등한 것이라는 사상이다.

물질은 신기 덩어리이다. 바로 세상 만물을 신기처럼 존중하라는 뜻이다. 이와 같은 물질 개념사를 통해 21세기 과학교육에 새로운 지평을 열 수 있다.

된다. 광자(光子, photon)가 지나가는 길에 거울을 두고 묻는다. "너의 실상은 무엇이냐?" 거울에 반사하면서 "나는 파다"라고 한다. 여기 광자가 지나가는 통로에 전구를 연결한 광전지를 놓으면 "나는 입자다" 하고 전구에 불을 비춰 준다. 위와 같이 우리가 관찰하는 것은 자연 그 자체가 아니라 우리의 질문(質問 : 觀察) 방식에 따라 만들어진 자연이다. 그러므로 하나의 자연에 다른 자연을 상호 작용시킨 결과로서 자연을 이해하는 것이다. 측정 조작을 배제하고 측정으로부터 도출된 기존 개념을 초월한 자연과의 합일적 체험이 자연 그 자체의 실상을 볼 수 있는 유일한 방법이다.

- 4차원 세계 Time=Space 時空同一, 有限=無限 有無同一
- $E=h\nu=hc/\lambda$ Energy=Wave 氣波同一
- $\lambda=h/m\nu$ Wave=Particle 波粒同一2=二重性
- $E=mc^2$ Energy=Mass 氣物同一
- $S = k \log W$, 엔트로피 기(氣 변화의 에너지)=신기(神氣) 기신동일(氣神同一) 그러므로 물신동일(物神同一), 물질이 곧[乃] 변화의 에너지를 가지고 있다[物乃神].

제 3 장
물질관 비교

⋮

시대 정신

원자와 유형

확률과 추측

에너지와 기

엔트로피와 신기

물질관 비교

시대 정신

독일의 클라우지우스는 1857년에 엔트로피(entropy)라는 개념을 이용하여 '열이라고 부르는 운동'이라는 획기적인 논문을 발표하였다.

이후에 영국의 맥스웰은 1860년 클라우지우스의 이론을 발전시켰고,[1] 볼츠만은 1868년, 24세라는 젊은 나이에 맥스웰의 식에 대해 물리적으로 설득력 있는 설명을 발표하였다.[2] 이어서

---

[1] 단순히 원자의 평균 속력뿐만 아니라 주어진 순간에 얼마나 많은 원자가 평균보다 크거나 작은 속력으로 움직이고 있는가를 나타내는 속력의 분포까지 고려한 이론으로 발전시켰다.
[2] 볼츠만은 일정한 부피의 기체가 지구 중력장 속에서 위로 올라가면

1872년에 그는 기념비적인 논문을 완성하게 된다. 볼츠만은 엔트로피를 분자 차원에서의 무질서로 정의했다. 그 이전에 엔트로피에 관해서 가장 신비스럽게 생각해 온 것은 엔트로피가 항상 증가해가고 있다는 것이었다. 열역학 제1법칙은 제2법칙보다 직관적 수준에서 훨씬 더 수용하기 쉬운 것처럼 보인다. 세계에는 아주 많은 에너지가 있는데, 이것은 형태를 바꿀 수는 있지만 그 총량은 증가도 감소도 하지 않으며 항상 일정하다. 반면 엔트로피는 항상 새로 만들어지고 있다는 주장이었다. 또한 그는 1877년에 원자들을 동등하게 배열할 수 있는 원자 분포의 확률을 알아낼 수 있는 방법을 제시하였다. 즉 원자들을 동등하게 배열할 수 있는 가장 가능성이 높은 분포는 다름 아닌 맥스웰-볼츠만 식으로 주어지는 분포라는 중요한 결과를 찾아내었다.

한편 기(氣)의 사전적 의미는 활동의 근원이 되는 힘으로 정의되고 있기에, 현대의 과학적인 설명으로서 가장 근접한 것은 에너지라고 할 수 있다. 그런데 일반적으로 에너지의 속성은 잘 알려져 있으며 이를 활용하는 데 큰 불편은 없다. 그러나 에너지 자체의 개념에 대해서는 물리학계조차 명확한 정의를 내리기 쉽지 않은 실정이다. 따라서 기(氣)의 개념을 통해 에너지의 물리적 실체에 접근하고자 한다.

동양에서 기(氣)는 역사가 오래된 만큼이나 그 개념도 광범위

어떻게 변화할 것인가를 분석하는 과정에서 맥스웰의 식이 특정한 에너지를 가진 원자 또는 분자의 수를 정확하게 나타내는 것임을 증명했다.

하게 사용되어 왔다. 동양철학에서 기는 매우 중요한 자리를 차지하고 있으며, 많은 사람이 이것을 철학적인 것으로 인식하고 있다. 또한 그 범위가 넓어 그 뜻을 명확하게 정의하기가 매우 어려우며 시대의 흐름에 따라 그 의미도 많이 변화되어 왔다. 중국에서 기(氣)는 진(秦)나라 이전에는 생명력을 뜻하는 것으로서 널리 사용되었고, 음양(陰陽)의 기, 천지(天地)의 기처럼 자연적인 것을 뜻하는 것으로도 사용되었으며, 또한 세상 만물을 이루는 기본적인 질료와 오행(五行)의 기라는 의미도 있었다. 진한시대(秦漢時代)에는 음양과 오행론이 전개되면서 원기(元氣)의 개념이 나타난다. 송(宋), 명(明), 청대(淸代)의 원기에는 초월자적인 개념이 있었으나 그 이후로 이는 스스로 내재해 있는 힘에 의해 움직인다고 하는 자연철학적인 기로 변화되어 왔다. 한편 우리나라의 성리학(性理學)에서는 기에 대한 논의가 도덕 문제를 중심으로 하여 전개되었기 때문에 기의 개념이 철학적 방향으로 흘렀으며, 형이상의 세계는 이(理), 형이하의 세계는 기(氣)로 보아서, 기의 세계를 헤아릴 수 있는 것으로서 이해하였다.

　서양의 클라우지우스의 엔트로피와 동양의 최한기의 기 개념은 희한하게도 같은 해인 1857에 제창되었다. 동양의 최한기는 『기학』(氣學)이라는 저술을 통해 종래 기 개념과 다른, 세계 각국 사람들이 공히 말미암을 수 있고, 행할 수 있는 '기학'을 제창하였다. 또한 『기학』 곳곳에서 그는 "앞사람이 아직까지 밝히지 못했던 것을 밝혔다"라고 하였고, 특히 "내가 아니고는 누가 감히 이 책을 쓰겠느냐?"라는 표현을 하며, 항상 자신의 학문을 세계

각국 사람과 공유하기를 바랐다.

그는 기학의 종지(宗旨)인 활동운화에서 활(活)이 인(人)과 물(物)에 자뢰(資賴 : 밑천을 삼다)하는 것으로 음식과 재용(財用)을 들었으며, 만물을 궁구해 본다면 운화하지 않는 것이 없으니 모두 동(動)한다고 하였다. 이렇듯 물질에 대한 전체적인 안목으로 볼 때, 1857년은 동·서양이 동일한 시대 정신의 해라고 할 수 있다.

원자와 유형

뉴턴 역학에서는 물질론적 세계관으로 세계가 물질로 이루어져 있다고 보았으며, 물질에서는 공간이 에너지의 바다이며, 공간을 하나의 에너지장이라고 보았다.

『만물의 본성에 대하여』(On the Nature of Things)를 저술했던 루크레티우스는 원자가 인간의 감각으로 알아 낼 수는 없지만 정말로 존재한다고 믿었다. 그는 원자들이 자신들의 움직임에 의해서 스스로의 존재를 밝히게 될 것이라고 생각하였다. 이것은 볼츠만의 기체 운동론과 일치할 것이다.

볼츠만은 마흐가 오스트리아의 빈 과학원에서 원자가 존재하는 것을 믿을 수 없다고 소리친 것에 대하여 마흐가 원하는 수준의 증명은 불가능하다는 사실을 확실하게 알고 있었다. 원자가 존재한다는 그의 믿음은 기체 분자 운동론에서 비롯되었다. 원자가 존재하고 원자들이 보통의 역학 법칙(力學法則)을 따른다고 가정하면 모든 것이 자연스럽게 설명된다. 그는 그것으로 충분했고, 실제로 모든 과학자가 합리적으로 요구할 수 있는 것도 그것이 전부이다.

원자들은 자주 충돌하기 때문에 원자들의 속도와 운동 방향은 끊임없이 변화한다. 원자들이 서로 충돌한다는 것은 그것들이 물리적으로 유한한 크기를 가지고 있다는 것이다. 이러한 관점은 그가 언급한 원자가 완전히 형이상학적인 대상이라고 규정짓기에는 부족한 부분을 나타내기도 한다.3) 그는 원자의 크기에 대한 로슈미트(Loschmidt, Joseph, 1821~1895)의 추정값4)을 근거로 작은 부피에 담긴 기체에도 몇 조의 몇 배에 해당하는 원자가 들어 있다는 사실을 알게 되었다.

그는 원자나 분자의 집단은 어느 순간에 어떤 방법으로든 움직이고 있어야만 할 것이라고 믿었다. 그래서 그는 자신이

---

3) 데이비드 린들리, 이덕환 역,『볼츠만의 원자론』(승산, 2003), 298쪽.

4) 액체의 부피는 분자 하나의 부피에 분자의 수를 곱한 것이 될 것이라고 생각하였다. 그리고 일반적인 실험 자료를 활용하면 일정한 부피의 액체를 증발시켜 얻을 수 있는 기체의 부피를 예측할 수 있는 변환 인자를 알아 낼 수 있다. 로슈미트는 이런 방법으로 공기 중에 포함된 대표적인 분자의 크기를 추정할 수 있었다. 그가 얻은 원자의 지름은 백만 분의 일 밀리미터보다 조금 적은 값으로 현재 알려진 값과 비교하면 상당히 근접한 것이었다.(로슈미트는 1몰에 들어 있는 원자의 수를 4.4×10^{23}이라고 추정하였다. 이 값은 그 후 더 정밀한 측정에 의하여 6.022×10^{23}으로 밝혀졌고, '아보가드로 수'로 부르게 되었다.)

어려운 문제를 해결하기 위한 수학적인 보조 수단으로 통계 이론적인 방법을 쓸 뿐이라고 생각하였다. 그것은 원자들의 움직임 자체가 통계적이어서가 아니라 원자들의 수가 엄청나게 많고 그 행동이 설명할 수 없을 정도로 복잡하기 때문이라고 생각했던 것이다.

그도 철학자들이 현실주의라고 부르는 일종의 본능적인 충동에 의존하였다. 세상은 인간이나 인간의 생각과는 무관하게 존재한다는 그의 굳은 믿음 때문에 그는 현실주의적이며, 그의 과학적인 주장은 근본적으로 실용주의적이며 합리주의적인 성향을 가지고 있었다. 그리고 그는 자신의 경험주의적인 주장을 치장해 줄 어느 정도 합리적인 철학의 틀을 갖추고 싶어 했다.

19세기 말까지만 하더라도 물리학자와 과학자들은 원자가 존재한다는 사실을 믿지 않았다. 그러나 볼츠만은 원자 가설을 확신하고 있었다. 1890년대에 이르러서 물리학자들은 원자들이 특정한 성질을 가지고 있고, 뉴턴의 역학 법칙을 따른다고 가정함으로써 실제로 관찰할 수 있는 물리적인 대상의 성질과 거동을 계산할 수 있게 되었다.

그의 생존 당시는 논리적 실증주의가 설득력을 얻고 있던 시대였다. 따라서 볼츠만의 인식 대상은 그 당시만 하더라도 실재하지 않는 존재이므로 반대자들에 의해 받아들여지지 않는 상황이었다. 이렇게 불확실하고 불분명하게 보일 수밖에 없는 볼츠만의 정교한 실용주의는 "이론이란 도달할 수 없는 진리에 점점 더 가까이 다가가는 노력이다"라고 보았던 칼 포퍼에 의해

20세기로 이어졌다.

　그는 물리학 이론의 본질에 대하여 "모든 가설은 역학적으로 잘 정의된 가정으로부터 시작해서 수학적으로 옳은 방법을 통해서 명백한 결과로 이어져야만 한다"라고 하였다. 만약 결과가 충분히 많은 사실과 부합되면 그런 사실들의 진정한 본질이 모든 면에서 분명하게 밝혀지지 않는다 하더라도 만족해야만 한다고 주장했다. 과학자는 가설을 구성할 때 볼 수 있거나 검출할 수 있는 존재를 대상으로 연구를 시작해야 하지만, 그런 직접적인 인지의 수준을 넘어 존재를 추정할 수도 있다는 것이다. 원자가 바로 그런 예가 된다.

　일반적으로 기(氣)는 우주 만물을 구성하는 근원이며, 양(量)뿐만 아니라 질(質)의 개념도 포함되어 있는 것으로, 대기에 충만하며 만물을 연결하는 매개체라 할 수 있다. 기 개념의 경우 꼭 유물사관에 입각하지 않은 경우에도 물질이라는 개념과 관련시켜 설명하는 것이 일반적인 경향이다.

　최한기는 『기학』에서 "기(氣)는 무형(無形)의 신(神)에 견주어 살피면 유형(有形)의 신이며, 또 이것은 무형의 이(理)에 비교하면 곧 유형의 이(理)이다"라고 하여 기학은 유형의 신리(神理)에 대한 학문이라고 보았다. 즉 천지를 가득 채우고 물체를 두루 적시는 유형의 신과 유형의 이(理)가 있어, 모든 일에 조짐을 보이고 만 가지 변화를 일으킴으로 성인(聖人)의 학문에 어찌 항상 배울 바와 배우지 아니할 바가 있겠는가마는, 마땅히 허(虛)를 버리고 실(實)을 취한다는 실용주의를 내포하고 있다. 이런 점에서 그의 입장은 볼츠만의 실용주의 입장과 같다.

　최한기는 우주의 근본적 실재로서 기(氣)를 체(體) 개념으로 사용하고 있으나 신기(神氣)는 용(用) 개념으로 사용하기도 한다. 기는 존재론적 최고 범주로서 만물을 구성하는 시원적(始原的) 재료인 물질, 공기나 바람 등의 기체, 신체와 연관된 정신 또는 의식, 무의식적 생리 현상의 주체 등 인간과 자연의 모든 현상을 포괄하는 개념으로 사용한다. 이에 비해 신기는 주로 인식 활동에 있어서 인간의 마음을 지칭하는 용어이다. 신기라는 철학적 개념은 오직 신기에 내재해 있는 추측이라는, 지식을 확충하는 방법론과 함께 주체와 객체, 즉 인간과 자연을 지향하는 학문 이론으로 가능하였다고 할 수 있다.5)

　그런데 기(氣)는 허(虛)하거나 무형이어서 감각할 수 없는 것이 아니고, 유형하며 현상계를 이루는 기(氣)와 구분되는 별개의 것이 아닌 현상의 경험적 인식에 보편성을 보장해 준다.6)

　기학은 경험적·과학적 인식론의 구상을 담고 있으며, 자연의 경전을 어떻게 읽을 것이냐를 말하는 책이다. 이것은 조선 유학사에서 누구도 시도해 보지 못했던 것으로 그만큼 놀랍고 신선한 것이었다. 이것은 볼츠만의 경험적 합리주의와 일맥상통한다.

---

5) 권오영, 『최한기의 사회사상』(일조각, 2001), 13~14쪽.
6) 이종란, 「최한기의 인식 이론」, 『최한기의 철학과 사상』(철학과 현실사, 2000), 239쪽.

확률과 추측

볼츠만은 원자가 작고 단단한 공이라 생각했다. 그런 원자들의 움직임에 뉴턴의 역학 법칙을 적용한 결과를 이용하여 셀 수도 없을 정도로 많은 수의 원자가 모인 집단에서 어떻게 근본적인 법칙이 나타나게 되는가를 알아 내려고 하였다. 그는 원자라는 것이 존재한다는 사실을 확신하고 있었고, 그런 원자들이 역학 법칙을 따를 것이라는 사실도 굳게 믿었다. 또한 자연에서 우글거리는 원자들은 어떤 방법인지는 몰라도 규칙적이고 예측이 가능한 방법으로 행동하게 될 것이라고 믿고, 그 방법을 반드시 이해할 수 있을 것이라는 신념도 가지고 있었다. 예를 들어 일정한 부피의 기체를 순간적으로 얼어붙게 만들어 버리면, 각각의 원자는 운동하는 과정의 어느 순간에 멈추어 서게 될 것이며, 얼어붙는 순간의 속력과 운동 방향을 파악해서 수학적인 목록을 만들 수 있을 것이라고 생각하였다. 그러나 다시 기체를 녹여 운동을 계속할 수 있도록 하면, 원자들이 다시 돌아다니면서 서로 충돌하게 되고, 속력과 방향이 다르게 나타나므로 이를 기록한 목록표는 순간마다 완전히 바뀌게 될 것이다. 또 원자가 충돌할 때마다 속도와 방향이 바뀌는 원자들의 수가 이렇게 많아지면 각각의 원자에 대한 정보를 완벽하게 알아 내는 것은 도저히 불가능한 일이다.

그래서 볼츠만은 기체 운동론을 발전시키기 위해 상당히 복잡한 수학을 이용해야 했고, 어느 정도의 과감한 근사(近似)도 감수

해야 했으며, 어떤 방법이든 해답을 찾는 일은 가능하다는 믿음도 필요하였다. 이러한 문제를 해결하려는 그의 시도에서 우리는 복잡한 문제에 숨겨져 있는 핵심적인 원리를 파악하고, 그것을 바탕으로 문제를 해결하려는 그의 능력을 확실하게 볼 수 있다. 천재적인 직관과 수학적 재능을 가지고 있었던 그는 맹목적으로 원자의 존재를 인정하고 확률론적 방법을 사용하면 당시에 알려져 있었던 많은 문제를 모두 해결할 수 있다는 사실을 직관력(intuition)으로 간파했다. 기계론적인 세계관이 일반화되어 있던 시기에 확실성을 보장하지 못하는 확률의 개념을 도입한 것이 바로 그의 뛰어난 창의성이었다. 새로운 과학 개념의 도입에 대한 과학·철학적 비판의 시각이 없었더라면 볼츠만이 열역학으로부터 원자의 존재를 밝혀 내는 획기적인 성과를 이룩하지 못했을 수도 있다.

그에 따르면 열역학 제2법칙은 기계 에너지가 열로 바뀌거나 가열된 물체가 식는 등 에너지의 자연스런 이동 때 그 계(系 : system)의 분자는 그 에너지 멋대로 분포하게 된다는 것이다. 즉 맥스웰 분포가 된다는 것이었다. 이 분포야말로 가장 확률이 높은 분포라 할 수 있으며, 가장 무작위적인 것이면서 무질서한 것이고, 조금이라도 질서를 가진 다른 분포는 그 확률이 낮아지게 된다. 그러므로 물질계 엔트로피의 자연적인 증가는 그 계의 분자 에너지가 가지는 확률적 분포 증가에 관련된다는 것인데, 볼츠만은 1877년에 이 엔트로피는 그 확률의 로그값에 비례하게 된다는 것을 명시적으로 증명하였다.

즉 그는 원자들을 동등하게 배열할 수 있는 방법의 수를 계산함으로써 원자 분포의 확률을 알아 낼 수 있는 방법을 제시하였다. 그런 분석을 통해 볼츠만은 가장 가능성이 높은 분포는 다름 아닌 맥스웰-볼츠만 식으로 주어지는 분포라는 중요한 결과를 찾아내었다. 이 새로운 분석에 의하면 열적 평형은 정해진 수의 원자들이 정해진 양의 에너지를 나누어 갖는 방법 중에 가장 가능성이 높은 분포에 해당된다. 그러나 실제로 볼츠만이 얻은 결과는 그 이상이었다. 이 논문은 심오하고 광범위하면서도 매우 당혹스러운 것이었다. 단순히 기회와 가능성으로부터 엔트로피를 정의했다는 점에서 심오했고, 오늘날의 디지털 정보나 통신의 경우까지 포함해서 질서와 무질서가 함께 섞여 있는 모든 경우에도 엔트로피를 계산할 수 있도록 해 주었기 때문에 광범위한 것이었다. 그러나 증명은 고사하고 정확한 설명도 어려운 가정을 근거로 한 것이어서 당혹스러웠다.

그는 기체 분자 운동론의 입장에서 일찍이 빈대학 재학 중에 '열역학 제2법칙의 열역학 의미에 대해서', '기체 분자 내의 원자수 및 기체 내부의 일에 대하여'라는 두 개의 논문을 썼다. 당시에 그는 갓 스물의 어린 나이였다. 이러한 업적은 열에 관련된 현상은 모두 불가역적 변화이며, 열은 고온의 물체에서 저온의 물체로만 이동한다는 것이나, 기체의 열은 압력과 부피 변화의 곱으로 표현된다는 것을 보여준 것이다.

이후 그는 24세의 젊은 나이에 그라츠대학 교수가 되었고, 하이델베르크대학 교수 등을 거쳐 29세에는 명문 빈대학의 교수가 되었다. 이 무렵 그가 이룩한 최대 업적은 'H 정리'인데, 이것은 열 현상의 비가역성이라는 본질이 확산이라는 분자 운동의 본성에 있다고 설명한 것이었다. 또한 이 H 정리의 물리학적 의미를 고찰하는 가운데 열역학 제2법칙, 즉 엔트로피 증가의 법칙이 역학적 법칙이 아니라 확률론적 법칙임을 알아 내었다.

당시 이것은 아직 해결하지 못한 문제가 포함된 아주 난해한 것이었다. 그런데도 볼츠만은 엔트로피를 상태확률의 함수로서 유명한 $S = k \log W$ 의 식으로 정의하였다(S는 엔트로피, k는 볼츠만상수, W는 상태확률). 이와 같이 볼츠만은 기체 분자 운동론에 대해 연속적으로 업적을 이루었다. 그러나 놀랍게도 그 시대는 원자나 분자의 존재가 확인되지 않았던 시기였다. 원자의 구조 자체는 멀리 그리스의 데모크리토스까지 거슬러 올라갈 수 있지만, 19세기 후반의 시점에서도 원자나 분자의 존재는 하나의 가설에 불과하였다.

1800년대 초에도 돌턴이나 아보가드로가 원자론이나 분자론을 주장하였는데, 그것은 화학 반응에서 그렇게 생각하면 전후 사정이 잘 맞는다는 작업 가설에 불과했다. 실제로 어느 누구도 원자나 분자를 본 것은 아니었다. 결국 볼츠만은 미처 확립되지도 않은 원자론을 기반으로 기체 분자의 존재를 계속해서 믿었으며 그 역학적 모델을 추진했던 것이다. 볼츠만이 전술한 H 정리는 세상 변화의 일방성(一方性 : 불가역성)을 나타낸 것이다. '엎질러진 물 다시 담기'라는 속담처럼 버려진 물이 자연적으로 컵으로 되돌아오는 일은 없다.

사람은 세월이 흐르면 나이가 들 뿐 결코 젊음을 되찾을 수 없다. 이와 같이 우리들의 눈에 보이는 거대한 물리 현상의 대부분은 비가역적이다. 그러나 원자나 분자의 운동은 이와 반대로 가역적이다. 간단한 예를 들어 보자. 컵이 넘어져 물이 쏟아지는 장면을 비디오로 촬영한 다음 그것을 반대로 돌려보면, 우리들은 그것이 거꾸로 돌아가고 있다는 사실을 금방 알 수 있다. 이번에는 그릇에 넣은 두 개의 기체 분자 운동을 비디오로 촬영한다고 가정해 보자. 그것을 역회전시켜도 우리들은 그것이 반대로 돌아가는 것인지 아니면 정상적으로 돌아가는지 판단할 수 없다. 두 개의 기체 분자 운동에서는 원래의 운행 방향을 역회전시킬 수 있는 운동도 가능하기 때문이다.

우리들의 눈에 보이는 거시적인 물리 현상들은 모두 그 기본이 원자나 분자의 운동이다. 여기서 커다란 의문점이 생길 것이다. 그렇다면 원자나 분자의 가역적인 운동은 미시적으로 일어나는데 어떻게 거시적인 물리 현상에서 불가역적인 변화가 나타나는가에 대한 의문이다.

기체 분자 운동론의 입장에서 거시적인 상태 변화의 불가역성을 나타낸 볼츠만의 H 정리는, 처음으로 이러한 큰 문제를 훌륭하게 해결한 것처럼 보였다. 하지만 곧 반론들이 제기되었다. 그 중 유력한 두 가지는 로슈미트의 '가역성의 반론'과 체르멜로의 '재귀성(再歸性)의 반론'이었다. 이들은 모두 볼츠만의 H 정리에서 나타낸 일방성에 예외가 있음을 지적하였다.

볼츠만은 그것을 인정하지 않을 수 없었지만 곧이어 확률적인 이론으로 무장하여 반박했다. 즉 '예외적인 현상'은 확률상 거의 나타나지 않으므로 실제로 거시적인 불가역적 변화는 성립한다는 것이었다. 그는 자신의 이론에 대한 깊은 확신을 가졌고 그것을 우주 전체에 적용하여 『기체론 강의』에서 다음과 같은 요지를 서술하였다.

> 전체가 열평형 상태인 우주에서는 아주 작은 열평형의 동요만이 있는데, 이는 우리 은하 정도 크기의 특정 영역에서는 여러 곳에서 가능하다. 우주에서는 두 개의 시간 방향을 구별할 수 없다. 그렇지만 어떤 특정 영역에 있는 생물은, 지구 표면이라는 특별한 곳에서 지구 중심을 향하는 방향을 '아래쪽'이라고 말하는 것처럼, 보다 실현하기 어려운 상태를 향해 진행하는 시간의 방향을 그 역방향과 구별하는 것이다.

즉 우주 안에서 열평형을 벗어난 특정의 영역에 있는 우리들은, 원래는 구별할 수 없는 2개의 시간 방향에서 보다 실현되기 쉬운 시간의 방향을 구별했다. 그 결과 세상의 변화는 한 방향을 향한 것처럼 보이게 되었다는 것이다. 그러나 문제는 그 귀착점을 볼 수 없다는 점이다. 그가 죽은 지 100년이 지난 지금에도 불가역성의 문제는 아직 논쟁 중에 있다.

전술한 바대로 볼츠만은 원자론자였다. 당시 원자론자와 완전히 반대 입장으로 대립했던 부류는 에너지론자들이었다. 마흐, 오스트발트 등의 에너지론자의 주장은, 하나의 가설에 불과한 원자를 물리 현상을 설명하는 데 이용할 가치가 없으며, 유일하며 어느 누구라도 인정할 수 있는 에너지를 이용하여 모든 물리 현상을 설명할 수 있다는 것이었다. "…… 그런데 당신은 그 원자를 본 적이 있습니까?" 결국 에너지론자들의 집요한 공격을 받았던 원자론자들이 한 사람씩 서서히 탈락하고 있던 중이었지만 볼츠만은 끝까지 자신의 신념을 굽히지 않았다. 어느 날 그는 에너지론자와 격론을 벌이던 중 "에너지에도 원자가 있다"라고 말하였다. 볼츠만의 진의가 어떻든 간에 이 말은 나중에 밝혀진 에너지-양자화를 암시한 선견지명이었다는 평가도 있다. 여하튼 원자는 있었다. 1908년 페랭(Jean Baptiste Perrin, 1870~1942)의 침강평형(沈降平衡) 연구에 의해 원자나 분자의 실재가 간접적으로 증명되었던 것이다. 이는 볼츠만이 죽은 지 2년 후의 일이었다. 그가 엔트로피를 정의한 $S = k \log W$의 식에 의하면 물질이나 에너지는 확산되어서 마침내 우주 전체로 퍼지게 된다. 그리고 우주는 절대 0도에서 3K만큼의 온도 상승이 있을 뿐이며, 결국 열평형이 일어나기 때문에 별마저도 존재하지 않는 암흑의 세계가 되어 멸망한다는 것이다. 이것이 바로 '우주의 열적 종말'이다. 만일 이것이 사실이라 해도, 그것은 아주 오랜 시간이 경과한 다음의 일이다. 또한 현재의 이론적 틀에서도 반드시 우주가 열적으로 종말에 이른다고 할 수는 없다. 한편 다시 생각해보면 엔트로피 확산 이론은 관념 세계에서의 물리 이론이다. 그 관념의 세계에 대해 그야말로 관념적인 결론인 '우주의 열적 종말'로 인생을 비관했다는 것은 볼츠만다운 사고였다. 엔트로피의 식인

$S = k \log W$는 무한히 증가하는 엔트로피를 설명한 것이지만, 동시에 그것을 만들어낸 주인의 인생에 종지부를 찍게 하였다. 빈에 있는 볼츠만의 묘비에는 $S = k \log W$의 식이 새겨져 있다.

최한기는 추측이 이루어지면 견식(見識)이 넓어진다고 보았다. 지식의 양은 원래 정해진 것이 아니라 추측에 달려 있다는 것이다.7) 그러므로 최한기의 추측은 지식을 획득하고 확충하는 방법인 셈이다.

그의 이론에 따르면 지식의 확충은 추측을 통해서 이루어져야지 그렇지 않으면 근거가 없고 증험할 수 없는 것이 되고 만다. 그래서 "기(氣)가 실리(實理)의 근본이고, 추측이 지식을 확충하는 요체이다. 이 기(氣)에 연유하지 않으면 궁구하는 것이 모두 허망하고 괴탄한 이(理)이고, 추측에 말미암지 않으면 아는 것이 모두 근거가 없고 증험할 수 없는 말일 뿐이다"라고 하였다.8)

40대까지 그의 사상의 특징은 1836년, 34세에 펴낸 『기측체의』(氣測體義)에 잘 드러난다. 당시에 아무리 열린 생각을 가졌다 하더라도 최한기는 어디까지나 조선의 유학자이다. 그도 당대의 여느 학자들처럼 주자(朱子)의 격물치지(格物致知), 즉 사물의 본질을 밝게 깨달아 성인(聖人)이 되려는 노력을 게을리 하지 않았다. 하지만 주자의 젊은 시절 모습처럼 대나무 앞에 앉아 사색에 잠기거나 태극이나 음과 양 같은 원리로 세상을 밝히려는 시도는 거부하였다. 그는 과학적인 관찰과 분석을 통하여 세상의 모습을

---

7) 『推測錄』卷6, 「識量」, 141쪽.
8) 『推測錄』卷6, 3~4쪽.

드러내려고 했던 것이다. 그는 세계의 학자들과 교류하고 싶은 소망에서 중국의 인화당(人和堂)에서 『기학』을 간행했다.

그의 수행론(修行論)에서 중요한 점이 바로 인식론적 측면으로서, "먼저 사람의 마음에 추측하는 능력이 있어 지나간 것을 헤아리고, 또 아직 일어나지 않은 일을 판단할 수 있다"9)라고 하여 사유 능력인 추측지능(推測之能)이 있다는 것이다. 활동운화가 총체적인 심신의 변화를 의미한다면 추측은 이것을 뒷받침하는 인식 능력의 확장 방법으로 볼 수 있다. 마음의 본체가 아니라 활동 현상에 관심을 기울이면서 추측이라는 인식론적 개념을 끌어들이고 있다.

객관 존재를 인식하는 인식 방법으로서의 추측은 대략 두 가지로 나누어 이해할 수 있다. 추측은 감각 경험의 내용을 분별하고 헤아리는 판단 작용임을 의미하기도 하며, 동시에 이미 획득된 지식 내용을 미루어서 아직 경험하지 못한 새로운 내용을 유추해 내는 일련의 추리 작용을 의미하기도 한다. 신기통(神氣通)에서 통(通)을 형질의 통과 추측의 통으로 나누었을 때, 추측의 의미는 감각 내용에 대한 판단 작용이라는 의미가 강하나, 『추측록』(推測錄)에서는 오히려 지식의 확대를 위한 추리 작용의 의미가 강한 듯하다.10) 여기서 우리는 최한기가 인식의 대상으로 삼은 유행지리(流行之理)는 객관 존재의 이(理), 즉 자연의 법칙임을 다시 한 번 확인할 수 있다. 최한기가 비록 자연의 법칙 유행지리를

---

9) 『推測錄』卷2, 13쪽.
10) 여기서는 주로 후자의 의미로 '추측'(推測)을 논하고자 한다.

정확하게 인식하기 위해 추측의 방법을 제시했다 하더라도, 이것이 지식을 위한 지식의 추구나 논리적 조작에 의한 지식의 추구였다기보다 실용적인 목적을 위한 지식, 실천을 위한 지식의 추구였다고 할 수 있다.

추측지리는 사유의 산물이긴 하지만 인간의 추측이 유행지리를 정확하게 담아낼 때 유행지리와 추측지리는 일치할 수 있다. 바로 추측지리와 유행지리의 일치가 추측의 목표이다. 이에 대해 최한기는 "나의 견문열력(見聞閱歷)을 미루어서 유행지리에 어김이 없도록 헤아리는 것이 추측의 준적(準的)이다"11)라고 말하였다. 그러나 인간의 추측이 언제나 정확한 것은 아니다. 왜냐하면 추측은 잘하고 못함이 있기 때문이다.

추측은 이미 경험하여 알고 있는 사실을 미루어 직접 경험하지 못한 대상을 헤아리고 나아가서는 유행지리에 순응하는 것이다. 그러나 그 추측의 결과가 과연 옳은지, 즉 유행지리에 부합되는지의 여부에 대해서는 섣불리 속단할 수 없다. 추측에 의한 대상의 인식은 경험에 의한 직접적인 인식이 아니므로 완전할 수 없고, 또한 항상 오류의 가능성을 안고 있기 때문이다. 따라서 추측을 통한 대상의 인식을 검토하기 위해서는 증험이라는 절차가 필요한 것이다.

---

11) 『推測錄』卷1 : "推我之見聞閱歷, 以測無違於流行之理者, 推測之準的也."

에너지와 기

    열역학(熱力學)은 열(thermo)과 동력(dynamics)의 합성어로 열과 역학적 일의 기본적인 관계를 바탕으로 열 현상을 비롯하여 자연계 안에서 에너지의 흐름을 통일적으로 다루는 물리학의 한 분야이다. 이것은 열에너지를 기계적인 에너지로 전환시키는 과정이나 사이클을 이용하여 경제성 및 효율성을 추구하는 추상적인 학문이다. 생물계나 무생물계를 막론하고 모든 자연 현상을 에너지의 흐름이라는 관점에서 생각할 때 없어서는 안 될 학문 분야로 화학이나 공학 영역에서 많이 이용한다.

    열역학 제2법칙은 에너지의 변화가 일어날 수 있는 방향을 제시해 주었다고 볼 수 있다. 아무런 변화 없이 열이 낮은 온도에서 높은 온도로 흐를 수 없다든지, 일은 열로 바뀔 수 있으나 열은 일로 바뀔 수 없다는 것 등이 그것을 말해 준다.[12] 이러한 열역학 제2법칙은 '엔트로피'의 개념과 함께 발전해 갔다. 클라우지우스는 열에 의한 변화가 특정한 방향으로만 일어난다고 하는 열역학 제2법칙을 매우 불완전한 것으로 받아들였다. 그는 이처럼 불완전한 제2법칙을 좀 더 일반적이고 완전한 이론으로 정립하기 위하여 1850년부터 15년이라는 긴 세월 동안 수학적으로 정리된 표현을 얻어 내기 위해 지속적으로 노력하였다. 그 결과 1857년에 얻어낸 중요한 개념이 바로 '엔트로피'였다.

    자연에서 일어나는 변화에는 일정한 방향성이 있는 경우가

---

[12] 김영식 외, 『과학사』(전파과학사, 2000), 313쪽.

흔하다. 물은 영하 5도에서는 저절로 얼어서 얼음이 되지만 얼음은 같은 온도에서 절대로 녹지 않는다. 그러나 영상 5도가 되면 얼음은 저절로 녹아 물이 되지만 물은 같은 온도에서 절대로 얼지 않는다. 이처럼 자연에서 관찰되는 자발적인 변화는 일정한 방향성을 가지고 있지만, 그 방향을 미리 예측하는 일은 결코 쉬운 일이 아니다. '엔트로피'(entropy)라는 새로운 개념을 도입한 열역학 제2법칙은 바로 그런 자발적인 변화의 방향을 예측하기 위한 것이다.

주위와 완전히 단절되어 에너지가 일정하게 유지될 수밖에 없는 고립계의 경우에는 엔트로피가 증가하는 방향으로 자발적인 변화가 일어나게 된다는 것이 바로 열역학 제2법칙이다. "우주의 엔트로피는 끊임없이 증가한다"라는 표현에서 '우주'는 바로 그런 고립계를 뜻한다. 클라우지우스에 의해 도입된 엔트로피는 증기 기관과 같은 열 기관에서 얻을 수 있는 최대 효율을 예측하는 데에도 유용하게 활용된다.

이에 반하여 기(氣) 개념의 탄생과 발달은 기나긴 역사적 경험을 거치며 이루어진 것이다. 기 개념은 다양한 학문 영역, 즉 철학, 의학, 천문학, 문학 등은 물론 인간 삶의 규범적 문제인 도덕과 윤리, 정치적 삶에까지 적용되는 대단히 포괄적인 의미를 지니며 동아시아인의 삶과 함께 해 왔다.[13]

장횡거가 "태허(太虛)의 기(氣)는 모여서 만물이 되지 않을 수 없으며, 만물은 흩어져서 태허가 되지 않을 수 없다"라고

---

13) 김교빈 외, 『기학의 모험』(들녘, 2004), 19쪽.

말한 것은 너무나 유명하다. 이것은 아무것도 없는 공허한 공간이 있고, 거기에 기가 이합집산하는 데 따라 만물이 생겨나고 없어진다는 의미가 아니다. 그와는 반대로 기 자체가 곧 태허로서 기가 응집된 것이 만물이요, 기가 흩어진 것이 곧 허공인 태허라는 것을 의미한다. 이 내용은 열역학 제1법칙이 에너지의 변화에 있어 그 합이 보존된다고 하여 그 양적인 관계를 규정한다. 이것이 에너지 보존의 법칙이고 기 보존의 법칙이다.

> 지구상에 있는 만물은 천지 사이에 있으므로 천기(天氣)와 지기(地氣)의 영향을 받아 생성 변화하고 있다. 또 천(天)과 지(地)는 만물이 이에 근거하여 살아가는 아주 기본적인 기초가 되고 있다. 즉 천(天)은 양(陽)으로서 만물의 기본적인 양이 되고, 지(地)는 음(陰)으로서 만물의 기본적인 음이 되고 있다. 만약 이 천(天)과 지(地)의 기본적인 음양이 없다면 만물은 그 생성 변화의 기초를 잃고 만다.14)

여기서 최한기의 기(氣)는 만물의 다양성을 가능하게 하여 만물의 끊임없는 생성 변화를 가능케 하는 근원적 실체이다. 즉 만물이 생성되고 변화하는 것은 기에 의해 이루어지는 것이며 우리가 보는 모든 현상이 바로 그것이다. 만물의 생성과 변화의 방향성을 설명해 주는 기의 성질인 활(活)·동(動)·운(運)·화(化)는

---

14) 박찬국, 『한의학에서 본 기』(과학사상 제20호, 범양사, 1997), 103쪽.

그의 독특한 규정이며, 그는 운(運)의 해석에서 세계 각국의 이물(異物)들이 서로 상통할 것을 제기하고, 화(化)를 통해 그 동안의 오욕과 병습(病習)을 개명된 속습으로 바꾸고, 이단과 잡학을 물리치고 정학(正學)으로 돌리고자 한 것이다.

최한기 기학의 중심은 활동운화(活動運化)이며 이것은 기의 운동성이 갖는 다양한 측면을 총괄하는 말이다. 최한기는 활동운화를 운화로 줄여 쓰기도 하고 운화기(運化氣)라는 말로 자주 사용하기도 한다. 천하의 모든 사물은 유형(有形)이다. 유형은 물질이며 물질은 변화한다는 것으로 활동운화라 하였다.

천지기화(天地氣化)가 만물을 낳고 사물을 완성케 함[開物成務][15]은 여기에 무슨 의지가 있어서 그러한 것이겠는가? 모름지기 점차 운화하여 사물이 스스로 이루어지는 것이다. '자천우지(自天祐之) 혹은 자천신지(自天申之)'는 얀센의 저서 『자기 조직화하는 우주』(Self-Organize Universe)의 내용과 일맥상통한다.

기의 모임은 사물의 생성이고 기의 흩어짐은 사물의 소멸이어서, 기가 모이고 흩어짐에 따라 만물은 생성과 소멸의 순환을

---

15) 개물성무(開物成務)란 『주역』「계사상」(繫辭上) 10장에 나오는 말이다. 원문은 "夫易開物成務, 冒天下之道, 如斯而已者也"이다. 그 의미는 '사람이 아직 알지 못하는 것을 개발하여, 사람이 마땅히 해야 할 바를 성취하는 것'이다. 그러나 기학에서의 의미는 글자 그대로 '인간을 포함한 만물로 하여금 각각 그 고유한 특성을 발휘하여 만물 각각의 사무를 성취하게 하는 것'으로 봐야 할 것이다. 왜냐하면 『주역』의 개물성무는 '천하지도'(天下之道)에서 드러나듯이 인간 중심의 개념이라면, 기학에서는 그 주어인 '천지기화'(天地氣化)에서 드러나듯이 천지 만물을 모두 포괄하는 개념으로 쓰이기 때문이다.

제3장 물질관 비교 97

계속하는 것이다. 기가 응결하면 질(質)이 되고 흩어지면 다시 기가 된다.16) 즉 질은 기가 형체를 이룬 것이다.17) 다시 말하면 천하에 기가 없는 공간이 없고, 기(器)와 질은 기(氣)의 응취가 아닌 것이 없다.18) 이에 대하여『운화측험』(運化測驗)에서는 다음과 같이 기술하고 있다.

기(氣)가 응취하여 만물의 형체가 되고, 기가 발산하여 우주에 충만한 형체가 되는데, 모이고 흩어지는 사이에 형질이 단련된다. 응취한 기는 이루어진 구각(軀殼)을 형체로 삼고, 발산된 기는 둥그런 하늘을 형체로 삼는다. 그러나 하나의 하늘 범위 안에서 모이고 흩어지는 것이니, 흩어진다는 것도 일기(一氣)의 형체 안에서이고 모인다는 것도 기의 형체 안에서이다. 그러므로 흩어지는 것이 영원히 흩어져 소멸하는 것이 아니고, 모이는 것이 영원히 모여서 변하지 않는 것이 아니다. 장차 모임에 이르러 장차 모이는 형체가 있고, 장차 흩어짐에 이르러는 장차 흩어지는 형체가 있다. 천지 사이에는 오직 형질의 기가 있을 뿐 무형의 기는 없다.19)

최한기의 기는 공간을 점유하고 있는 성질을 지니고 있다고

---

16) 『推測錄』卷2,「氣有凝解」, 111쪽.
17) 『推測錄』卷2,「氣聚生散死」, 104쪽.
18) 『推測錄』卷2,「積漸生力」, 114쪽.
19) 『運化測驗』卷1,「氣之形」, 261쪽.

말할 수 있다. 성리학에서 말하는 기에는 그러한 성질이 없다고 말할 수는 없으나 성리학에서는 일반적으로 기의 무형성에 근거하여 기의 경험 가능성에 대해 회의적이다. 반면 최한기는 기에 형질이 있음을 다음과 같이 분명히 밝히고 있다.

> 기의 형질이 있다는 걸 알면 우주에 충만해 있는 것과 물체를 적시고 있는 모든 것에는 형질이 있다는 것을 알 수 있다.[20]

세상 사람들은 볼 수 있는 것을 물(物)이라 여기고 볼 수 없는 것을 기(氣)라고 여긴다. 우주 만물이 기로부터 변화하여 물(物)이 되고, 물(物)로부터 다시 변화하여 기가 된다는 것을 누가 알겠는가? 물(物)이 이루어지고 물(物)이 없어짐에 있어 그 기질을 소멸시킬 수는 없다. 다만 눈의 힘이 기를 보는 데 미치지 못하고 물질의 형체가 없음만을 보고는 사람들이 완전히 없어졌다고 여길 뿐이다. 예를 들면 돌을 하나 주워서 갈아 작게 만들 때 아무리 작게 하더라도 돌이 가지고 있는 기의 질을 없앨 수는 없다. 또 물을 담은 그릇을 불로 끓일 때 아무리 끓여서 물이 마르더라도—변하여 기로 된다—또한 기의 질을 없앨 수는 없다.[21]

---

[20] 『運化測驗』卷1,「古今人言氣」, 260쪽.
[21] 『身機踐驗』卷8,「物質卽氣質」, 501쪽.

엔트로피와 신기

　엔트로피는 열역학에서 가장 중심이 되는 개념 중의 하나이며 온도, 압력, 부피, 엔탈피와 함께 물질의 상태와 에너지를 표시하는 기본 단위이다. 그러나 엔트로피는 온도나 압력과 같이 기기를 사용하여 직접 측정할 수 있는 물성(物性)이 아니므로, 그 개념의 이해가 용이하지 않은 것이 사실이다.

　엔트로피 개념은 두 가지 서로 다른 관점인 고전 열역학적 개념과 통계 열역학적 개념으로 나뉜다. 최초의 엔트로피 개념은 고전 열역학적인 관점에 따라 정의되었고, 다음에 통계 열역학적 관점의 엔트로피 개념이 정립되었는데, 이 두 가지 다른 관점에서 정의된 엔트로피 개념은 그 후에 결국 동일하다는 것이 밝혀지게 되었다.

　엔트로피 개념은 열역학 제1법칙을 정립한 독일의 물리학자 클라우지우스가 창안하였다. 그는 제1법칙을 주창했던 때와 같은 시기인 1857년에 엔트로피 개념을 고안하여 처음 사용하였으며,[22] 그가 이 새로운 개념에 엔트로피라는 이름을 붙인 것은 수년 후인 1865년이었다. 엔트로피(entropy)라는 단어는 엔탈피(enthalpy)와 같이 그리스어에서 유래된 말로, '내부'[in]라는 뜻의 '*en*'과 '순환하다'(turn) 혹은 '변환하다'(transform)라는 뜻인 '*tropie*'의 합성어이다. 이 어원에서부터 알 수 있듯이 클라우지우스는 순환 공정인 열 기관에서 열과 일의 상호 변환에 대해

---

[22] Clausius, Rudolf[Ann. Phys.,Lpz.94,481(1857)]

연구한 결과 엔트로피 개념을 탄생시킨 것이다. 그는 논문에서 "세계(우주)의 에너지는 일정하다. 세계(우주)의 엔트로피는 어떤 최대치를 향한다"라고 썼다.23) 물리학자 에딩턴(Eddington, 1882~1944)은 엔트로피 법칙을 자연계의 최고 법칙이라 하였고, 엔트로피를 가리켜 '시간의 화살'(arrow of time)이라고 불렀다.24)

이론 물리학자였던 클라우지우스는 자신보다 한 세대 앞서 살았던 프랑스의 카르노(Sadi Carnot, 1796~1832)가 남겼던 열동력 기관에 대한 업적을 연구하였고 카르노 사이클을 이론적으로 고찰하였다. 클라우지우스는 그 유명한 논문인 '열의 동력에 대한 고찰'에서, 두 열원 사이에서 작동되는 카르노 사이클을 통하여 얻을 수 있는 최대의 일은 열동력 기관에서 사용되는 유체-보통 수증기를 말함-의 종류에 관계없이 오직 두 열원의 온도에만 의존한다는 사실을 밝혔다. 그리고 유체의 온도, 압력, 부피가 반복적으로 변화하는 이 순환 공정상에서 변하지 않고 일정한 값을 유지하는 어떤 양을 발견하였다고 기술하였다. 그 후 클라우지우스는 이 양을 엔트로피라고 명명하였다.

어떤 물질이 상태 1에서 상태 2로 변화하기 위해 거치는 경로는 유일하지 않고 무수히 많이 존재할 수 있다. 그리고 그 경로에

---

23) 일리야 프리고진, 신국조 역, 『혼돈으로부터의 질서』: 인간과 자연의 새로운 대화, (정음사, 1869), 168쪽.
24) 로저하이필드 외, 이만철 역, 『시간의 화살』, (범양출판사, 1994), 193쪽.

제3장 물질관 비교 101

따라 물질로 전달 혹은 방출되는 열량은 모두 다르다. 그러므로 어떤 주어진 상태 2에 있는 물질에 지금까지 출입한 열량이 얼마인가 하는 질문은 의미가 없어지는 것이다. 왜냐하면 이 물질이 상태 1에서부터 상태 2에 도달할 때까지 어떤 경로를 거쳤는지 모르기 때문이다. 클라우지우스는 이와 같이 물질의 상태가 변화할 때 같이 변화하는 경로에 따라 출입하는 열량이 달라진다는 사실에 대하여 고찰하였다. 그 결과 클라우지우스는 물질의 상태가 변화하는 경로에 관계없이 항상 일정한 값을 가지는 양이 있다는 사실을 발견하였다.

즉 그는 물질의 상태가 1에서 2로 변화될 때 $\int_1^2 dQ/T$의 값은 경로에 관계없이 일정하다는 사실을 알았던 것이다. 이 적분을 말로 설명하면 다음과 같이 이해할 수 있다. 상태 1에 있는 물질에 열을 가하여 물질의 온도가 상승되는 과정에서 이 적분값이 나타난다. 이것은 상태 1에서 상태 2까지 열이 전달되는 과정을 미소 구간으로 나눈 다음, 한 구간에서 전달된 미소량의 열을 그 순간의 절대 온도로 나누고(dQ/T), 그 값들을 총 구간에 걸쳐 모두 합치면 된다. 열이 전달되는 과정을 미소 구간으로 나누었다는 말은 그 과정이 가역 과정이란 말과 같다. 클라우지우스는 물질이 상태 1에서 상태 2로 변할 때, 그 과정이 가역 과정이라면 이 적분값이 경로에 관계없이 모두 일정하다는 사실을 밝혀 내었던 것이다.

그러므로 초기와 말기 상태만 같으면 dQ/T값은 경로에 관계없이 동일하게 된다. 따라서 이 적분값은 최종적인 물질의 상태, 즉 온도, 압력, 부피가 정해지면 그 물질이 어떤 과정을 거쳐 그 상태에 도달했는가에 관계없이 항상 일정한 값을 가지게 된다. 그러므로 어떤 물질이 주어진 상태에서부터 열이 출입하여 임의의 변화 과정(가역 과정)을 거친 다음 다시 원 상태로 돌아온다면 이 적분값은 0이 되는 것이다. 이것을 식으로 나타내면 다음과 같다.

$$\oint \frac{dQ}{T} = 0$$

클라우지우스는 카르노 사이클이라는 가역 순환 공정에 대하여 고찰하면서 위 식의 관계를 도출하였다. 카르노 사이클은 고온의 열원에서 열을 받아 동력을 발생시킨 다음, 저온에 있는 외부로 열을 방출시키는 원리로 작동된다. 카르노 사이클에 사용되는 유체는 초기 상태에서부터 압축, 팽창 등을 거친 다음 원 상태로 되돌아오는 순환 과정을 되풀이 한다. 클라우지우스는 이 순환 과정이 일어날 때, 동력 기관에 사용되는 유체와 열이 공급되는 열원 그리고 열이 방출되는 외부 모두를 합친 계(系)에 항상 위 식이 성립한다는 사실을 규명하였다. 클라우지우스는 그가 고찰하였던 카르노 사이클의 순환 과정과 열원에서 열이 공급되고 또한 방출되는 과정 모두를 가역 과정으로 생각하였다. 그러므로 어떤 과정이든 그 과정이 가역 과정이라면 계와 외계 전체에 대하여 항상 위 식이 성립한다고 할 수 있다.

클라우지우스는 dQ/T라는 양을 물질이 갖는 일종의 물성으로 간주하였다. 다시 말해 그는 물질이 가진 어떤 물성의 미분형을 dQ/T라고 간주하였으며 그 물성을 엔트로피라고 이름지었다. 따라서 엔트로피 S는 다음과 같이 정의되었다.

$$\frac{dQ}{T} = dS$$

엔트로피의 정의가 위 식과 같이 미분형으로 표현되는 이유는, 전술한 바와 같이 엔트로피 개념이 클라우지우스에 의해 최초로 고안될 때 전달되는 열량을 미소량-미분량-으로 나타내었기 때문이다.

엔트로피는 물질이 갖는 물성이다. 엔트로피는 물질의 상태가 정해지면 항상 정해진 값을 가지는 엔탈피나 깁스에너지 같은 물질의 고유 성질이다. 특정한 온도나 압력 하에서 어떤 물질이 가지는 부피나 엔탈피의 값 등이 정해지듯이 엔트로피도 그 값이 정해져 있다. 그렇다면 그 엔트로피의 값은 어떻게 결정하는가? 엔트로피의 값을 결정하는 방법은 엔탈피의 값을 정하는 방법과 같다. 엔탈피의 절댓값은 애초에 정해진 값이 아니라 어떤 약속된 상태에서 기준값을 정한 다음, 그 값으로부터의 변화량을 계산하여 엔탈피의 절댓값을 결정한다고 하였다. 엔트로피도 마찬가지이다.

엔트로피의 정의인 위 식은 엔트로피의 변화량을 나타내며,

이 식으로부터 엔트로피의 절댓값을 구할 수 있다. 엔트로피의 절댓값을 결정하기 위해서는 그 값을 미리 정해 놓은 기준점이 필요하다. 열역학에서는 이 점을 절대 온도가 0인 지점으로 정하고, 그때 물질이 갖는 엔트로피의 값을 0으로 설정하였다. 그리고 절대 온도 0에서부터 임의의 온도 T까지 위 식을 적분한 값이 절대 온도 T에서 그 물질의 엔트로피가 되는 것이다. 이것을 식으로 나타내면 다음과 같다.

$$S = \int_0^t \frac{dQ}{T}$$

바로 위 식을 풀어서 설명하면 다음과 같다. 절대 온도 0에 존재하는 물질이 열을 받아 절대 온도 T까지 도달하는 과정에서, 그 전달되는 열량을 무한히 작은 미소량으로 나누고, 각 미소 열량을 그 열이 전달되는 순간의 온도로 나눈 다음, 그 값들을 모두 합친 것이 절대 온도 T에서 엔트로피가 된다. 그리고 엔트로피는 그 물질이 어떤 경로를 통하여 온도 T에 도달했는지에 관계없이 최종 온도만 같으면 항상 동일한 값을 가지게 된다. 이것이 고전 열역학적 관점에서 엔트로피의 정의이다.

여기서 강조해야 하는 사실은 위의 엔트로피에 대한 정의가 열이 전달되는 과정이 모두 가역 과정일 때만 성립한다는 것이다. 가역 과정이 아닐 때 dS는 dQ/T와 같지 않다. 즉 일어나는 공정 자체가 무한히 천천히 일어나는 가역 과정일 때만 엔트로피의 정의가 성립한다는 것이다. 이 사실을 상기하면 과연 엔트로피의 값을 구한다는 것이 어떻게 현실적으로 가능할까 하는 생각을 할 수 있다. 왜냐하면 실제적으로 일어나는 자연 현상은 모두 비가역 과정이며, 열 전달을 무한히 천천히 일어나게 하는 가역 과정으로 만드는 것은 현실적으로 불가능하기 때문이다. 그러나 엔트로피는 현재 물질이 가지고 있는 온도, 압력과 같은 조건만 정해지면 거의 결정되는 상태 함수이다. 다시 말해 물질이 그 상태에 도달하는 경로에 관계없이 최종 상태만 같으면 동일한 엔트로피 값을 가진다. 예를 들어 물질이 상태 1에서 상태 2까지 변하는 과정에서, 그 과정이 가역적이든 비가역적이든 간에 그 변화에 수반되는 물질의 엔트로피 변화량은 동일하게 되는 것이다. 그러므로 어떤 상태 변화가 일어날 때 수반되는 엔트로피의 변화량은 그 변화가 가역 과정이 아니어도 계산할 수 있다.

　엔트로피는 물질이 어떤 경로를 거쳐 현재의 상태에 도달했느냐에 관계없이 현재의 상태만 결정되면 그 값이 정해지는 상태 함수이다. 그렇다면 여기서 임의의 온도 T에서 어떤 물질이 갖는 고유의 엔트로피 값이 얼마인가 하는 질문을 할 수 있다. 그러나 이 질문에는 쉽게 대답할 수가 없다. 왜냐하면 절대 온도 0에서부터 바로 위 식을 적분한다는 것은 현실적으로 불가능하기 때문이다. 엔트로피에 대한 정의는 위와 같은 개념적인 과정을 통해 정립되었지만, 그 산술적인 값은 엔탈피를 결정할 때와 같이 임의의 기준점을 설정한 다음 그 기준점에 대한 상대적인 값으로 부여된다. 예를 들어 순수한 액체인 물의 엔탈피는 물의 삼중점(三重點)에서의 온도 0.01℃, 압력 0.006bar에서 0.01J/g의 값을 갖도록 약속하였다. 엔트로피의 절댓값도 이와 마찬가지로 기준점에서 약속된 값을 사용하게 된다. 물의 경우 엔트로피값은 엔탈피와 같이 물의 삼중점에서 액체 물의 엔트로피가 0.01J/g℃의 값을 갖도록 약속하였다. 그리고 물의 온도와 압력이 변화하면 삼중점에서의 엔트로피 값으로부터 엔트로피의 변화량을 계산한 다음 그 기준값과의 차이로부터 엔트로피 값을 구하게 된다.

고전 열역학에서 관심의 대상이 되는 것은 엔트로피의 절댓값이 아니라 물질의 상태 변화에 수반되는 엔트로피의 변화량이다. 동력 기관에서 일어나는 현상을 비롯한 자연에서 발생하는 물리·화학적인 변화에 따른 엔트로피의 변화량은 그 현상의 비가역성을 나타낸다. 만일 일어나는 현상에 수반되는 모든 우주의 엔트로피 변화량이 0이라면 그 과정은 가역 과정이다. 다시 말해 그 과정을 원 상태로 되돌리기 위해 추가적인 에너지를 공급할 필요가 없는 이상적인 과정이란 말이다. 엔트로피 변화량이 양수라는 것은 그 과정이 비가역과정이라는 뜻이며, 엔트로피의 변화량이 클수록 비가역의 정도가 크다는 것을 의미한다. 비가역성이 크다는 것은 어떤 과정이 일어난 후 다시 그 과정을 일어나기 전과 동일한 상태로 되돌릴 때 필요한 에너지가 크다는 것을 의미한다. 그러므로 어떤 과정이 일어났을 때 증가되는 엔트로피의 양은 그 과정을 원상회복시키는 데 필요로 하는 에너지의 크기에 정비례하게 된다.

또한 엔트로피의 변화량은 손실된 에너지를 나타낸다. 우리는 열동력 기관을 구동할 때 공급된 열량을 모두 일로 전환시킨다는 것이 불가능하다는 사실을 알고 있다. 동력 기관은 열원으로부터 열을 공급받아 동력으로 전환시킨 후 항상 그 일부의 열을 대기로 배출하게 된다. 다시 말해 현재 인류가 사용하고 있는 모든 종류의 기관은 외부로부터 열에너지를 받아 목적하는 동력을 얻은 후, 반드시 일정량의 물질과 열을 외부로 방출하게 된다. 기관의 종류에 따라 배출되는 물질의 종류와 상태가 모두 다르겠지만, 그 배출되는 물질이 절대 온도 0에 있지 않은 한 반드시 일정량의 에너지를 포함하고 있다. 이 방출된 에너지는 일로 전환되지 못한 손실된 에너지가 되는 것이다. 모든 동력 기관은 이 에너지를 대기로 방출하는데, 대기의 양은 거의 무한대이기 때문에 대기의 농도는 이 에너지의 방출로 인해 거의 영향을 받지 않고 일정하게 유지된다고 볼 수 있다. 이때 기관의 작동으로 인하여 손실되는 에너지의 양 Q는 그때 발생되는 엔트로피의 변화량 $\triangle S$에 정비례하게 된다. 그 관계는 $Q = T_0 \triangle S$로 나타내는데, 여기서 T_0는 일정하게 유지되는 대기의 온도이다. 이와 같이 임의의 과정이 일어날 때 수반되는 엔트로피의 변화량이란 그 과정이 수행됨으로써 무효화—손실—되는 에너지를 나타낸다. 즉 엔트로피의 변화량이 클수록 그 과정에 투입되는 에너지 중 유용하게 사용되지 못하고 쓸모없이 되는 에너지의 비율이 높다는 것이다.

앞에서 엔트로피는 고전 열역학과 통계 열역학 두 관점에서 각각 다르게 정의된다. 엔트로피의 고전 열역학적 정의는 거시적인 관점에서 이루어졌다. 다시 말해 주어진 계에 전달되는 열량과 그때의 온도 등을 고려하여 엔트로피라는 물리량이 정의되었다. 반면 엔트로피의 통계 열역학적 정의는 그 개념이 완전히 다르다. 통계 열역학은 물질을 미시적인 관점, 즉 물질을 구성하는 분자들의 개별적인 운동과 그 개별 입자들이 보유하는 에너지 등을 연구하는 분야이다. 통계 열역학적 엔트로피는 한마디로 물질을 구성하는 분자들이 분포할 수 있는 경우의 수, 혹은 분포할 수 있는 확률을 말한다. 예를 들어 어떤 물질이 절대 온도 0에서 완벽한 결정 상태(분자들이 완전히 규칙적으로 배열된 상태)에 있다면, 이렇게 분자들이 분포할 수 있는 경우는 단 1회 밖에 없을 것이고, 따라서 이 상태에서는 물질의 엔트로피가 최소의 값을 가지게 된다. 여기서 물질의 온도가 상승하여 고체 결정으로 있던 물질이 녹아 액체 상태로 되면 규칙적으로 될 것이다. 이렇게 되면 분자들이 배열할 수 있는 경우의 수가 증가하고 따라서 엔트로피도 증가하게 된다. 이와 같이 엔트로피는 분자들이 얼마나 불규칙적으로 혹은 무질서하게 존재하는가의 척도를 나타낸다. 그러므로 엔트로피를 다른 말로 무질서도라고 표현하기도 한다.

    이러한 통계 열역학적 엔트로피의 의미는 고전 열역학적 개념인 비가역성과 결국은 같은 뜻을 가진다. 다음 경우를 생각해 보자. 같은 종류의 기체가 두 개의 온도가 다른 용기에 각각 담겨 있다. 이때 두 용기 사이에 열이 이동하면 온도가 높은 용기에서 온도가 낮은 용기 쪽으로 열이 전달되어 결국 두 용기의 온도는 같게 될 것이다. 여기서 다시 한 용기의 온도는 높게, 또 다른 하나는 그보다 낮게 되는 일은 결코 저절로 일어나지 않는다. 그렇게 만들려면 반드시 외부에서 한 용기의 열을 강제적으로 다른 용기로 이동시키는 추가적인 일이 가해져야 한다. 즉 이 열이 전달되는 과정을 원상회복시키려면 외부에서 공급하는 별도의 에너지가 필요하다는 것이다. 이 말은 고전 열역학적으로 표현하면 두 용기 사이에 열이 이동하는 과정은 비가역적 과정이란 말이 된다.

한편 통계 열역학적 관점에서 보면, 온도가 높은 용기에 담겨 있는 분자들은 그 운동 속도가 빠르고, 온도가 낮은 용기에 담겨 있는 분자들은 그 운동 속도가 느리다. 즉 두 가지 다른 속도를 가진 분자들이 각각 구분되어 있으면서 어느 정도의 질서를 가지고 배열되어 있는 상태에 있는 것이다. 여기서 두 용기 사이에 열이 이동하여 두 기체의 온도가 동일해지면 빠른 분자의 속도는 느려지고 느린 분자의 속도는 빨라져 결국 빠른 분자와 느린 분자가 무작위로 혼합될 것이다. 이렇게 되면 두 용기에 담긴 모든 분자의 성격이 비슷해져 모든 분자는 열이 전달되기 전에 비해 보다 무질서한 상태로 배열된다. 또한 이렇게 배열되는 경우의 수도 증가할 것이다. 이 말을 통계 열역학적으로 표현하면, 두 용기 사이에 열이 이동하는 과정은 분자들이 보다 무질서해지는 과정이란 말이 된다.

이와 같이 열이 이동하는 현상을 고전 열역학적으로는 비가역 과정, 통계 열역학적으로는 무질서도가 증가하는 과정이라고 표현하였다. 그리고 이 두 표현을 변화의 방향성으로 나타내면 엔트로피가 증가되는 과정이라고 하는 것이다.

　엔트로피 개념은 동력 기관에 대한 클라우지우스의 고전 열역학적 고찰에 의해 태동되었다. 그 후 엔트로피 개념은 볼츠만, 플랑크, 루이스와 같은 물리학자들에 의해 통계 열역학적 관점에서 다시 정의되었다. 그리고 결국 이 두 가지 관점에서 정의된 엔트로피 개념은 완전히 일치한다는 것이 입증된 것이다. 나아가 통계 열역학적 관점의 엔트로피 개념은 사회 과학적 현상인 인간 사회의 무질서와 혼돈에 대한 현상을 설명하는 데 유효하게 이용되고 있다. 이에 대해서는 「제4장 세계관 비교」에서 논의하겠다.

　특히 실제로 열역학 제2법칙이 확률과 어떻게 관련되어 있는가를 보이고, 그에 따라 통계 열역학이라는 새로운 분야를 탄생시킨 것은 결국 볼츠만이었다. 볼츠만은 어떤 용기 속에 담겨 있는 기체 분자 수의 가능한 배열 방법을 모두 찾아 볼 수 있다고 가정하면, 그 중 거의 모든 방법이 무질서한 상태에 해당될 것이며 극히 소수의 경우만 질서가 있는 상태가 얻어질 수 있다고 생각하였다. 이것은 그의 엔트로피의 확률적 정의로부터 유추해 낼 수 있었다.

　따라서 볼츠만은 어떤 기 체계의 분자들이 질서 있는 배열로부터 시작해서 움직여 간다면 시간이 지남에 따라 점점 무질서한 배열로 가게 될 것이라는 예측을 할 수 있었다. 왜냐하면 무질서한 배열들은 숫자가 그렇지 않은 쪽보다 훨씬 많고 그에 따라 확률이 높기 때문이었다. 이러한 논의를 기초로 그는 엔트로피 S 를 S

$= k \log W$ 라는 식으로 표현했다. 여기서 k 는 볼츠만상수, W 는 기체 분자들을 배열할 수 있는 배열 방법의 수였다. 볼츠만은 주어진 상태에 대한 분자들의 배열 방법의 수 W 에 대해 S 라는 값을 정의하였고, 이 값이 클라우지우스에 의해 정의된 엔트로피와 같은 성질을 가진다고 하였다. 위 식은 볼츠만에 의한 엔트로피의 확률적 정의로 그의 묘비에 새겨짐으로써 그의 이름과 불가분의 관계를 맺게 되었다.

볼츠만의 이 같은 논의로부터 분자들로 이루어진 계의 물리적 과정에서는 엔트로피―무용한 에너지의 총량―가 증가할 것임이 거의 확실했다. 따라서 지금까지 논의한 열역학 제2법칙도 수많은 분자들로 이루어진 계에 적용되는 확률적인 법칙임을 알 수 있다. 확률적 법칙이니만큼 글자 그대로 엔트로피가 감소하는 것과 극히 드문 경우가 일어날 가능성도 잠재되어 있는 것이다.

분자들의 배열 방법의 수를 사용한 볼츠만의 엔트로피 정의식은 엔트로피를 확률적으로 정의해 줌으로써 열역학 제2법칙을 확률의 법칙으로 표현했다는 데 그 의미가 있다. 어떤 상태에 대한 엔트로피는 그 상태의 확률을 표시하는 척도이며, 그 계는 확률이 낮은 상태에서 높은 상태로 이동하려 할 것이기 때문에 엔트로피가 증가하는 방향으로 가려 한다. 바로 변화의 방향이다.

볼츠만의 방법을 이용하면 얼마나 많은 상태가 가능성이 높고 낮은가를 구체적으로 표현할 수 있다. 만약 가능성이 높은 상태가 가능성이 낮은 상태보다 백만 배나 더 많다면, 계가 '반-엔트로피적'인 방향으로 변화하게 되는 확률은 백만 분의 일이 될 것이다.

그때까지는 이런 계산을 할 수 없었다. 이제 볼츠만은 핵심적인 어려움을 극복했고, 열이 잘못된 방향으로 흘러갈 수 없다는 것이 정확하게 무슨 뜻인가를 밝혀 냈다고 생각하였다. 엔트로피와 확률의 관계 그리고 엔트로피와 분자 배열의 무질서 관계가 명확해짐으로써 엔트로피는 모든 물리적 상태에 적용할 수 있는 보다 폭넓고 일반적인 정의를 지니게 되었다. 엔트로피 개념의 발전과 더불어 열역학 제2법칙은 물리학의 법칙으로 확고한 자리를 잡게 되었다. 그리고 '엔트로피'라는 개념은 이후 통계 열역학의 기초 개념이 되었고, 그 외 많은 분야에도 유용하게 확장·적용되었다.

특히 코네티컷주의 뉴헤이븐에 살고 있던 조시아 윌라드 깁스(Josiah Willard Gibbs)는 오스트리아의 볼츠만과 마찬가지로 물리학에 통계적인 개념을 도입한 선구자였다.

여러 가지 화학 물질들이 섞여 있는 용액에서 화학 물질들이 다양하게 반응하는 경우는 더 복잡한 예가 된다. 어떤 조건에서 한 반응이 다른 반응보다 더 잘 일어나게 될까? 어떤 조건에서 고체 생성물이 용액에서 분리되고, 어떤 조건에서 다시 녹게 될까? 깁스는 이런 모든 문제가 열역학적으로 해결할 수 있는 것임을 인식하게 되었다.

깁스가 고안한 '에너지'를 '깁스자유에너지'($\triangle G = \triangle H - T \triangle S$)라 부른다. 일정한 온도와 압력에서 계는 깁스자유에너지가 감소하는 방향으로 자발적으로 변하게 된다. 깁스자유에너지는 열역학 제1법칙에서의 에너지와 열역학 제2법칙에서의 엔트로피의 성분으로 구성된다.

최한기의 특유의 용어는 기(氣) 개념으로써 신기(神氣)를 사용하였다. "신기란 기의 무한한 공용(功用)의 덕(德)을 일컬음이다"25)라고 하였고, 또 "기는 천지의 용사(用事)하는 바탕이요, 신은 기의 덕(德)이다"26)라고 하였다. 따라서 기는 활물동체(活物動體)로서 그 움직임에 따라 만물이 생성 변화한다. 이와 같은 기는 우주에 가득 차 있으며, 이 우주 만물을 생성 변화시키는 공용(功用) 또는 기능을 신기라 한다.

> 신(神)과 기(氣)를 함께 말하면 신은 기 가운데 포함되고, 신 하나만을 말하면 공용(功用)으로 뚜렷이 드러나는 것이니 기는 바로 신이요, 신은 바로 기이다.27)

최한기는 기(氣)와 신(神)은 성격상의 차이일 뿐 그 본성은 원래 하나이고 다르지 않다고 하였으므로 신과 기를 하나의 기 개념으로 볼 수 있다. 즉 기=신기인 것이다. 기는 물질 개체[活物]를 형성하는 에너지라면, 항상 변화하는 작용으로 자신을 드러내기 때문에 개체는 신기가 변화 작용하는 한 단계에서 나타나는

---

25) 『氣測體義』「神氣通」, 氣之功用, 43쪽 : "神氣之 無限功用之德."
26) 『氣測體義』「神氣通」, 通有得失, 46쪽 : "氣者 天地用事之質也. 神者 氣之德也."
27) 崔漢綺, 國譯『人政』I (民族文化推進會 譯, 1980), 「測人門」, 180쪽 : "神卽氣, 神氣則神包氣中, 單言神, 則氣之功用現著也. 氣卽神, 神卽氣."

현상으로 파악된다.

> 즉 신기라는 개념이 기 개념과 다른 것은 신기라고 할 때는 기라고 하는 것과는 달리 기의 기능이라 할 수 있는 힘[力] 이외에, 또 다른 기능인 밝음[明], 즉 사고(思考)와도 유사한 기능-분별하고 헤아리는 기능-을 동시에 갖게 된다는 점이다. 이것은 신기가 기보다는 보다 넓은 영역에 걸쳐 있는 것임을 의미한다. 밝음과 힘, 일종의 사고력과 실천력을 갖추게 된 신기는 인간적 행위의 주체로 승격된다고 볼 수 있다.28)

신기 개념은 물질 자체가 가지는 기 개념으로부터 물질 변화 과정을 표현한 것이며, 따라서 물질 자체에 초점이 맞추어진 기(氣) 개념과는 다르다. 신기는 활물(活物)인 기가 자기 기능에 의해 움직일 때 어떤 방향성이나 합법성을 가지고 움직인다는 것을 나타내기도 하는 것 같다. 물질의 변화의 방향성에서 엔트로피와 개념을 같이 하고 있다. 이렇게 볼 때 기(氣)를 들어 물질의 속성을 말하면, 기(氣)의 자기기능(自己機能 : self-organize)을 신기라고 할 때는 기라고 할 때보다 기의 운동의 방향성을 나타낸다.

이러한 신기 개념을 통하여 최한기는 "천지와 인간 만물의

---

28) 辛源俸,「崔漢綺의 氣學研究」,『한국학대학원논문집(제4집)』(한국정신문화원, 1989), 198쪽.

생성은 기의 조화에서 말미암은 것"29)이라 하여 기일원론적(氣一元論的) 입장을 취하였다. 우주 만물과 인간의 존재까지도 기의 조화에 의해 생성된 것으로 보아 기에서 생성되지 아니한 만물은 그 어느 것 하나도 없음을 주장하였다.

> 천지를 꽉 채우고 물체에 푹 젖어 있어 모이고 흩어지는 것이나 모이지도 않고 흩어지지도 않는 것이 어느 것이나 기 아닌 것이 없다. …… 이러한 기는 광대하여 영원히 존재한다.30)

> 기란 어떤 물건이나 적시지 않는 것이 없고 어떤 틈이나 들어가지 않는 곳이 없다. 이는 마치 못에 잠긴 모든 물체가 물을 흠뻑 적시는 것과 같다.31)

최한기는 천지 사이의 공간은 비어 있지 않고 그 무엇인가로 꽉 차 있다고 보았다. 천지 사이의 공간은 없음[無]이거나 공허한 것이 아니라 보이지는 않지만 유형의 기로 가득 차 있다는 것이다. 그러므로 최한기에 있어 천지 사이의 공간은 있음[有]이다. 이 '있음'이 곧 기(氣)이며 천지 만물은 이 기에 젖어 있다. 마치

---

29)『氣測體義』「序」: "盡天地人物之生 盖由氣之造化."
30)『氣測體義』「神氣通」, 天人之氣, 42쪽 : "充塞天地 淸洽物體 而聚而散者 不聚不散者 莫非氣也……天地之氣大而長存."
31)『氣測體義』「推測錄」, 250쪽 : "人物潛於氣, 氣者 無物不洽 無隙不透. 如潛淵諸物 莫不漬濕."

물 속에 사물이 완전히 잠겨 있는 것처럼 기가 만물에 들어 있는 까닭으로 기로 말미암지 않은 것이란 하나도 없다. 이러한 존재의 근원으로서의 기, 만물을 생성하는 원동력으로서의 기는 아주 광대하고 심원하며 시·공간을 초월하여 영원히 존재하는 것이다. 이러한 기는 천지간에 가득하여 광대한 것이기도 하지만 아무리 작은 틈새라도 스며들어가 존재하므로 지극히 미세하다고 할 수 있다. 따라서 지극히 큰 것으로부터 지극히 작은 것에 이르기까지 기가 존재하지 않는 곳이란 없다. 그러므로 이 우주공간과 천지 사이에는 한 점의 공간도, 한 터럭의 무(無)도 존재하지 않고 이 기에 적셔져 있는 것이다.

> 해와 별이 순환하는 것도 기(氣)가 아니면 절도 있게 움직일 수 없고, 우주의 아래 위에 떠있는 각종 물체도 이 기가 아니면 접근하여 어떤 조처를 취할 수 없다. 변화불측(變化不測)한 것도 이 기가 아니면 신묘하다고 여길 수 없고, 만물을 생성하는 것도 이 기가 아니면 어찌 그 이치를 알 수 있겠는가? 또 무릇 천하의 크고 작은 사물의 이루어지고 없어짐, 이로움과 해로움도 이 기에서 탐구하지 않으면 물을 데가 없다.32)

천지 사이에 가득 찬 것이 기이므로 기는 곧 천(天)이며 천이

---

32) 『氣學』, 82~83쪽 : "日星循環, 非此氣, 無以載運, 上下成體, 非此氣, 無以接住. 變化不測, 非此氣, 無以爲神, 陶鑄萬物, 非此氣, 何以見理? 且凡天下大小事物之成毁利鈍, 不究於氣, 更向何所而叩質焉."

곧 기이다. 최한기는 천지 우주 만물의 조화로운 질서와 일월성신이 형질을 이루고 운행함도 기로 인해 가능한 것으로 보았다. 기는 우주 만물을 질서있고 조화롭게 하는 힘이며 규칙적이고 절도 있는 움직임을 가능케 한다. 그러므로 기는 자연의 본연성이라 말할 수 있다. 따라서 모든 물음의 근원은 기에 있으므로 기를 탐구하지 않으면 안 되는 것이다. 이러한 기의 작용은 인간의 존재에까지 그 작용을 미치고 있다.

> 내가 태어나기 전에는 천지지기(天地之氣)만이 있었고, 내가 처음 생길 때 비로소 형체지기(形體之氣)가 생기며, 내가 죽은 뒤에는 다시 천지지기(天地之氣)로 된다. 천지지기란 광대하여 영원히 존재하고, 형체지기는 편소하여 잠시 머물렀다 없어진다. 그런데 형체지기는 천지지기를 자뢰(資賴)하여 생장(生長)하는 것이다.33)

> 충만한 기(氣)가 항상 나를 기르고 적셔 주고 다른 사람과 만물의 기와 항상 교접하게 함으로써 일신(一身)의 기를 내가 항상 따르는 바이니 어디 간들 기 아닌 것이 있겠는가.34)

---

33) 『氣測體義』「神氣通」, 天人之氣, 42쪽 : "我生之前 性有天地之氣, 我生之始 方有形體之氣, 我沒之後 還是天地之氣. 天地之氣 大而長生, 形體之氣 小而暫滅. 然形體之氣 資賴乎 天地之氣而生長."
34) 『人政』「教人門」, 人人皆得見, 80쪽 : "充滿之氣 常所(transform)濡洵人物之氣 常所交接 一身之氣 常所循用 何往而非氣乎."

이렇듯 최한기는 인간 존재에 대한 근원적인 물음에까지 기의 작용을 확장시켜 나가 기의 작용에 의해 인간의 삶과 죽음을 설명하였다. 따라서 기는 모든 우주 만물을 있게 하는 근원적인 실체로서 또한 모든 우주 만물의 운행을 주관하는 동력인(動力因)으로 작용하는 것이다.

> 태(胎)란 기(氣)가 처음 모이는 것이요, 장(長)이란 기가 모여 이루어지는 것이요, 쇠(衰)란 기가 흩어지려는 것이요, 사(死)란 기가 흩어져 없어지는 것이다.[35]

만물의 생성과 성장, 노쇠함과 소멸 등 우주 만물의 모든 현상은 역시 기의 작용에 의한다. 기의 모이고 흩어짐에 의하여 만물의 변화가 생기는 것이다. 이러한 기의 작용은 기의 내적인 활동에 의해 이루어지는 것이며, 기 이외의 다른 요인에 의해서 이루어지는 것은 아니다. 오로지 기 자신의 원인에 의해 말미암은 것이다. 이 기는 한 덩어리의 살아 움직이는 활물로서 동적인 실체이며, 스스로 운행하면서 다른 개물(個物)들을 생성·변화·소멸시키는 일체의 변화의 근본이라고 볼 수 있다.

이러한 기를 최한기는 여러 가지 명칭으로 사용하였다.

기(氣)는 동일한 것이나 그 경우에 따라 지적하는 명칭이

---

[35] 『氣測體義』「推測錄」, 氣聚生散死, 241쪽 : "胎者 氣之始聚也, 長者 氣之成聚也, 衰者 氣之將散也, 死者 氣之澌散也."

각각 다르다. 그 전체를 가리켜 천(天)이라 하고, 그 주재(主宰)를 가리켜 제(帝)라 하고, 그 유행을 가리켜 도(道)라 하고, 사람과 만물에 부여되는 것을 가리켜 명(命)이라 하고, 사람과 만물이 품수하는 것을 가리켜 성(性)이라 하고, 몸의 주체가 되는 것을 심(心)이라 한다. 또 그 움직임에 따라 지적하는 각각의 명칭이 있으니 그 기를 펴면 신(神)이요, 굽히면 귀(鬼)요, 창달하면 양(陽)이요, 움츠리면 음(陰)이요, 가면 동(動)이요, 오면 정(靜)이다.36)

최한기는 천(天)·제(帝)·도(道)·명(命)·심(心)·신(神)·귀(鬼)·양(陽)·음(陰)·동(動)·정(靜) 등의 모든 개념은 기가 나타나 작용하는 바에 따른 기의 다른 이름에 불과하며, 기와 동일한 본성을 지닌 것으로 보았다. 이러한 우주 만물을 생성하는 근원적이고 광대하고 영원한 하나의 기에서 만물이 각각의 다른 형상을 갖게 되는 이유는 어디에 있는가? 우주 만물은 모두 한 가지의 기에서 생성된 것이지만 만물의 드러남은 천만 가지가 다르게 존재한다. 최한기는 그 이유를 기(氣)와 질(質)의 관계로써 설명한다.

천하의 모든 개개의 사물은 기와 질이 서로 합하여 생긴

---

36) 『氣測體義』「推測錄」, 245쪽 : "一氣異稱 氣卽一也 指其所而名各殊焉. 指其全體之天, 指其主帝謂之帝, 指其流行謂之道, 指其賦於人物謂之命, 指其人物稟受謂之性, 指其主於身謂之心. 又指其動而各有稱焉 伸僞神 屈僞鬼 暢僞陽 斂僞陰 住僞動 來僞靜."

것이다. 처음에는 질이 기를 말미암아 생기고, 다음에는 기가 질을 말미암아 스스로 그 사물을 이루어 제 각각의 기능을 드러낸다.37)

이러한 기가 단단하게 응결하면 질이 되고, 질이 흩어지면 다시 기가 된다. 즉 기의 응취에 따라 질이 형성되며 이 질에 의해 각양각색의 만물이 생성되는 것이다. 이처럼 만물의 생성과 소멸은 기와 질 간의 끊임없는 순환으로 말미암은 것이며, 만물의 질적인 차이로 인한 만물의 제 종(諸種)간 차이점도 결국은 기로부터 이루어진 질의 변화에 따라 발생되는 것이다. 이러한 기는 "같은 기라도 사람에 품부되면 사람의 신기가 되고, 사물에 부여되면 사물의 신기가 된다"38)라고 함으로써 같은 기일지라도 어느 사물에 품부되느냐에 따라 형질이 다르게 나타남을 알 수 있다. 기가 천하 만물에 보편적으로 존재하는 것이라면 질은 만물들을 개체화 내지 특수화하는 것으로 볼 수 있다.39) 즉 개개의 사물들이 다양하고 상이한 현상계를 이루는 것은 질에 의한 것이고, 이러한 질에 의하여 유(類)와 종(種) 등이 결정되는 것이다. 특히 사람은 다른 우주 만물이 가지지 않는 인간만의 독특한 신기의 작용으로

---

37) 『氣測體義』「神氣通」, 氣質各異, 50쪽 : "天下萬物 在氣與質相合. 始則質由氣生, 次則氣由質而 自成其物各呈其能."
38) 『氣測體義』, 氣質各異 : "而腑於人 則自然爲人之神氣, 腑於物 則自然爲物之神氣."
39) 河春德, 「惠岡 崔漢綺의 神氣에 관한 硏究」(동아대학교대학원, 석사 학위 논문, 1985), 17쪽.

인해 추측 능력과 변통 능력을 가짐으로써 인간 존재의 존엄성을 확보하고 있다. 천(天)·지(地)·인(人)은 신기에서 동일하다는 근원적 통일성을 전제하면서도 인간 존재의 특성을 인간의 신기가 지닌 성격에서 추구하고 있다.40)

이렇듯 기의 작용은 천지에 유행하는 '운화기'(運化氣)와 사람 안에서 활동하는 '추측기'(推測氣)로 드러나 인간의 삶과 밀접한 관계를 형성하면서 끊임없이 작용한다. 만물의 모든 개별 존재를 형성하고 있는 신기는 신기 자체의 본래적 존재 양상에 따라 '운화'하며, 이 신기로 이루어진 인간은 인간만이 가지는 독특한 인식 작용으로서 '추측'과 '변통'을 가지고 기의 운화에 일치하여야 한다. 그러므로 신기는 실제적 이치의 바탕이요, 추측은 지식을 넓히는 요법이라 하였다.

최한기는 기의 성질을 활동운화(活動運化)하는 것으로 보았다.

> 우주 안에 충만하여 털끝만큼의 빈틈도 없으며 모든 천체를 운행시켜 활물(活物)의 무궁함을 드러낸다.41)

활동운화란 모든 천체의 운행을 주관하며 보편적으로 작용하는 신기의 일반적 작용이며, 단순하고 맹목적인 변화가 아닌 신기의 목적적이고 통일되고 조화로운 자기 변화라 하겠다. 이러

---

40) 宋準植, 「惠剛 崔漢綺의 敎育思想 硏究」(한국정신문화연구원, 교육학 석사 학위 논문, 1983), 49쪽.
41) 『氣學』「序」: "充滿宇內 無緣毫之空隙, 推轉諸曜 顯造物之無窮."

한 신기의 변화를 우리는 천도(天道), 천칙(天則), 천리(天理) 또는 인의(人義)라고 부르는 것이다. 이러한 신기의 활동이야말로 모든 만물의 실질적인 모습이다. "운화의 활동이 없으면 마치 사물의 실제 모습이 아닌 그것의 그림자를 그리는 것과 같다"42)라고 봄으로써 운화의 활동이 없이는 참다운 존재라고 할 수 없는 것이다.

최한기의 활동운화에 있어 '운'(運)이란 끊임없이 돌고 돌아 막힘이 없이 두루 미친다43)는 의미며, 이러한 작용을 통하여 만물은 존재의 근거를 확보하게 되는 것이다. 대기(大氣)의 운(運)은 일월성신을 비롯한 모든 만물이 조화롭게 순행할 수 있도록 하는 힘을 가지고 있어 능히 우주의 모든 움직임을 관장하며 만물의 무한한 변화를 지속적으로 이어나갈 수 있게 하는 능력을 가지고 있다.44)

'화'(化)란 변화를 의미한다. 즉 움직여 바뀌어 감을 말하는 것이다. 만물이 살아 숨쉬는 것을 화(化)라 하고, 덕(德)으로 백성을 교화하는 것을 화라 하고, 가르침이 위에서 행하여지고 바람이 아래에서 움직이는 것을 화라 한다. 무릇 고쳐서 바꾸는 것을 말하기를 화(化)라 하고, 물(物)을 바꾸는 것을 화라 하고, 종류가 다른 것을 낳을 수 있는 것을 화라 한다. 화(化)의 뜻은 그 움직여

---

42) 『氣學』, 146쪽 : "無運化之活動 猶物形之畫影."
43) 『氣學』, 206쪽 : "運有施轉不息 周遍無得之義 非施轉."
44) 『氣學』: "大氣之運 由於活動之性 而施轉不息之間……是以能載運 諸曜撐亘上下 無限變化 隨運而發."

바뀌어 감을 따라서 수시로 화가 있는 것이지 일시에 화하게 하고서 멈추는 것이 아니다.45) '화'(化)란 일(日)·월(月)·성(星)이 움직이는 우주적 질서와 바람이 불고 비가 내리며 만물이 싹을 틔워 변화하는 따위의 자연의 질서를 뜻한다. 뿐만 아니라 교육을 통해 인간을 천기운화로 교화시켜 나가는 과정, 제도 개폐 등의 사회적 질서의 변화, 현재의 것을 고치고 바꾸어 다른 종류의 새로운 것을 낳을 수 있는 모든 것을 의미하는 말이다.

따라서 운화(運化)란 끊임없이 돌고 돌아 막힘이 없고 그 움직여 바뀌어 가는 바 기(氣)의 작용에 마땅함을 의미하는 것이다. 운화는 만물의 생성·변화·소멸 속에서 부단히 존재하고 끊임없이 운행되어 만물에 두루 미치지 아니함이 없다.

세상의 범위(凡圍 : 사방을 둘러쌈)와 배포(排佈 : 두루 벌려놓은 것)를 통찰해 보면 원근(遠近)에 가득찬 인간과 만물의 생식기멸(生息起滅)은 모두 기의 운화에 따라 천변만화(千變萬化)하고 있다. 그러므로 비록 미세한 사물이라도 이 기의 운화를 떠나서 이루어지지 않는 것이 없다.46) 인간과 천지 만물이 생성되고 소멸하는 일련의 과정 속에서 천변하고 만화하는 모든 것이 기의 운화에 따라 이루어지는 것이다. 따라서 이 기를 떠나서는 이루어

---

45) 『氣學』, 204쪽 : "萬物生息曰化, 以德化民曰化, 敎行于上風動天下之化, 凡言改易曰變化, 革物曰化, 能生非類曰化. 化之義 從其運轉 而隨時有化 非一時化之 而止之也."
46) 『人政』「敎人門」, 敷運化平宇內, 57쪽 : "敷運化平宇內 通察宇內凡圍排佈 人物霜滿 生息起滅 革不因大氣運化而千變萬化. 雖微細事物 未有捨比氣化而作成者."

지는 것이 아무것도 없으며, 또한 기의 운화에서 벗어나고자 하여도 우주에 광대하고 영원하며 모든 만물에 내재하고 있는 것이기에 불가능하다.

이러한 기의 운화는 "빠르지도 않고 늦지도 않으나 잠시도 정체됨이 없다."[47] 운화란 기가 각각 드러내고 있는 운행의 구체적인 모습이며, 이것은 일정한 순환 원리 내지 운행 법칙인 물리(物理)에 의해 진행된다. 이러한 이(理)의 문제는 최한기에 있어서도 기와의 관계 속에서 제기되는데 이(理)는 '기(氣)의 조리(條理)'를 말함이다. 이 조리는 기와 불가분적 관계성으로 유지되는 것이다. 기가 없으면 이(理)도 역시 없으며 반드시 기가 먼저 존재하여야 이에 따라 이(理)가 있다고 보았다. "운화의 기는 곧 형체 있는 신이요, 형체 있는 이(理)이다."[48] 따라서 기와 신과 이(理)는 모두가 무형이 아니라 드러나 있어 볼 수 있고 이미 조처할 수 있는 유형의 것이다. 이러한 유형의 운화 개념은 듣고서 아는 것이 운화를 보아서 깨닫는 것만 못하고, 운화를 얻어 언어로써 밝히는 것이 운화를 실천하여 증험함만 못하다고 하여 운화의 실천성을 강조하고 있다.

기(氣)라고만 말한다면 그것은 한 덩어리의 전체로서 쪼개고 깨뜨려 형용하여 말할 수 없고 손대어 나눌 수 없으므로, 기의 활동운화하는 본성을 네 가지 단서로 나누어 배열하여야 비로소

---

47) 『人政』「敎人門」, 求涑問斷, 122쪽 : "夫運化之氣 不速不遲 無一刻之停息."

48) 『氣學』, 64쪽 : "運化之氣 卽有形之神, 有形之理也."

형용하여 말할 수 있고 손대어 볼 수 있다. 따라서 '활동운화'의 네 가지 단서를 여러 측면에서 살펴본다면 우주 만물은 운화의 기에서 나서 운화의 일을 행하고 운화의 가르침을 들으면서 운화에 의해 죽고 소멸하는 것으로 운화의 활동 범위가 인간과 만물의 활동과 행위에까지 확장되는 것이다.

위에서 최한기는 기(氣)에는 '형질의 기'와 '순환하고 변화−운화−하는 기'가 있다고 하였다. 형질의 기는 물질인 태양·지구·달·별 등 만물의 형체 있는 것들을 가리키고, 순환하고 변화하는 기는 형체들이 변화하여 모습을 나타내는 바람, 비, 햇볕, 구름, 더위, 추위, 건조함, 습함 등을 말한다. 여기서 형질의 질이 발(發)하여 순환하고 변화하는 기를 신기라 하였고, 이 신기의 활동 모습이 활동운화의 기에 드러난다 하였다.

그런데 기에 형질이 있다고 한 사실에 주목할 필요가 있다. 기의 형질이 있음을 알면 기는 우주 안에 가득 차게 물체에 푹 젖어 형질이 있지 않은 것이 없다. 수(水)·토(土)·금(金)·석(石)·초(草)·목(木)·인(人)·물(物)의 형질은 각각 나름의 형질의 기를 가지고 있다.

최한기는 기의 벌어져 있는 범위를 정하고, 기의 원근과 고저를 비교 증험하고, 기의 장단을 재고, 기의 대소를 헤아리고, 기의 경중을 저울질하고, 기의 냉열조습(冷熱燥濕)을 시험하고, 기의 시각분초(時刻分秒)를 정하고, 수화(水火)의 기를 변통하고, 무겁고 큰 기를 움직이는 것은 천문학과 수학과 기계학에 의한 바라고 하였다. 기계가 아니면 기에 접근할 수 없고, 천문학과 수학이 아니면 기를 분석할 수 없고, 천문학과 수학과 기계를 서로 발명해야 기를 인식할 수 있고, 아울러 기를 실험할 수 있다는 것이다. 여기서 보면 기를 인식하여 실험하고, 또 기로써 변통할 수 있다고 하였다. 이제 최한기는 기의 모습이 여러 실험 기구의 실험에서 드러났고, 우주 안에서 만물이 생성되면서 '순환(循環)하고 변화[運化]'하는 과정에서 신기가 밝게 드러났다고 생각하였다. 여기서 최한기는 자연 과학 지식을 많이 인용하여 인식의 문제와 연관지었다.

제4장
세계관 비교

⋮

볼츠만의 세계관

최한기의 세계관

세계관 비교

볼츠만의 세계관

엔트로피 개념

인간이 창조의 산물이든 진화의 산물이든 현존하는 인간은 다른 동물에 비해 탁월한 지성을 소유하고 있다. 인간이 이러한 지적 능력을 가지고 있다는 것은 다른 동물들은 직관적으로 사유하지만 인간은 개념적으로 사유한다는 것을 의미한다. 즉 다른 동물들은 어떤 물체가 눈에 보이면 그 물체에 대한 이미지를 가지는 것이 전부라면, 인간은 눈앞에 구체적 대상이 없어도 모종의 상상력을 동원하여 내적 사유를 할 수 있다. 이러한 내적 사유 덕분에 인간은 다른 동물들이 가지지 못하는 세계관을 가지게 되었고 다양한 문화를 구성할 수 있었다.

인간은 이러한 세계관과 문화로 동물적 본성을 극복했지만, 동시에 다른 동물이 가지지 못하는 비극적 의식을 가지게 됐다. 왜냐하면 인간은 개념적 사유로써 미래를 예측하는데 그러한 예측은 현재의 행동을 제한하거나 불안감을 동반하기 때문이다. 이 때문에 각 시대의 사람들은 자신들이 명료하게 의식하지 못하더라도 기존에 구성된 일련의 세계관에 예속되어 행동한다. 그런데 그러한 세계관은 고정불변의 것이 아니라 시대와 사회에 따라 다양하게 변화되어 왔다. 그 큰 흐름을 시대적으로 구분하면 그리스-로마의 고전적 세계관, 중세의 기독교적 세계관, 근세의 기계론적 세계관 그리고 오늘날의 열역학적 세계관으로 정리할 수 있다.

우리는 오늘날의 세계를 지배하는 세계관은 바로 열역학적 세계관이라고 본다. 이에 본 장에서는 우선 열역학의 주요 내용과 이것이 함의하는 세계사적 의의를 해명하고자 한다. 그런 후에 열역학적 세계관의 입장에서 기존의 역사관 및 세계관들을 비판적으로 검토하고자 한다.

열역학이라고 하면, 아주 거창하고 어려운 물리학의 어떤 이론으로 들릴 수 있을 것이다. 그러나 이제는 누구나 쉽게 알 수 있을 정도로 그 법칙이 잘 정식화되었다. 사실 열역학에는 2개의 법칙이 있는데 이를 하나의 문장으로 표현하면, "우주의 에너지 총량은 일정하며(제1법칙), 엔트로피 총량은 지속적으로 증가한다(제2법칙)"라고 나타낼 수 있다. 제1법칙의 의미를 보다 쉽게 풀이하면 우주의 에너지 총량은 태초부터 정해져 있고,

우주의 종말이 올 때까지 그것은 변하지 않는다. 왜냐하면 에너지는 새롭게 창조되거나 파괴될 수 있는 것이 아니라 한 가지 형태에서 다른 형태로 변화할 뿐이기 때문이다. 예를 들면 자동차 엔진에서 일정량의 휘발유가 연소하면서 변화하는 에너지의 형태별 양상을 보면 휘발유 1리터의 에너지=엔진이 한 일+ 발생한 열+ 배기가스와 함께 나간 에너지 등으로 분석할 수 있다.

과거 아인슈타인 이전에는 에너지를 힘 또는 일 개념과 거의 등가 개념으로 간주했다. 따라서 자연 상태에서의 에너지는 운동에너지와 위치 에너지로 생각되었다. 단진자 운동을 하는 물체의 경우, 포물선의 극대점에서 위치 에너지는 최대이고 운동 에너지는 제로이다. 반대로 밑바닥에서는 위치 에너지는 제로이고 운동 에너지는 최대이다. 이럴 경우 밑바닥에 정지해 있는 물체는 에너지를 전혀 가지지 못한다. 그러나 아인슈타인은 소위 '$E=mc^2$'이라는 공식을 통해 밑바닥에 정지해 있는 물체들도 그 물체의 질량에 광속의 제곱을 곱한 것만큼의 에너지를 가진다는 것을 증명했다.[1] 즉 그때부터는 '질량=에너지'라는 등식이 성립되었다.(결국 에너지 불변의 법칙은 질량 불변의 법칙의 다른 표현이다.)

우주를 가득 채우고 있는 물체들의 총량이 일정하듯이 우주를 가득 채우고 있는 에너지의 총량도 일정하다. 오직 열역학 제1법칙만이 절대적 진리라면 우리가 에너지 걱정을 할 필요는 전혀 없을 것이다. 그러나 그렇지 않다. 만일에 석탄 한 덩이를 태운다면

---

[1] $v=0$ 일 때, $Y=1$이다. 따라서 정지계에서의 에너지는 $E=mc^2$이다. energy=Mass. 즉 기(氣)와 물(物)은 동일하다.

그것을 태우기 이전과 이후에 그것들의 전체 에너지 총량은 동일하지만, 에너지의 일부는 아황산가스와 기타 기체로 변형되어 대기 중으로 사라진다. 따라서 타다만 석탄을 다시 태울 땐 이전의 에너지량을 확보할 수 없다. 즉 우리가 어떤 물체를 에너지로 전환하여 사용하면 전체 에너지 총량은 일정하지만, 다시 사용할 수 있는 에너지로 변형되는 것과 다시 사용할 수 없는 에너지로 변형되는 것이다. 전자를 '유용한 에너지' 또는 '자유로운 에너지'라고 한다면, 후자는 '무용한 에너지' 또는 '구속된 에너지'라고 할 수 있다. 엔트로피는 어떤 시스템 내에 존재하는 무용한 에너지의 총량을 나타낸 개념 단위이다. 결국 "엔트로피는 지속적으로 증가한다"라는 것을 주장하는 열역학 제2법칙은 시간이 지날수록 유용한 에너지는 감소하고 무용한 에너지는 증가한다는 것이다.

클라우지우스는 '폐쇄계에서는 에너지의 수준 차이가 항상 평준화되는 경향이 있다'는 것을 주장한 바 있다. 예를 들어 뜨겁게 달구어진 석쇠를 공기 중에 놔두면 석쇠는 점차 식고 공기는 점차 따뜻해진다. 열이 뜨거운 물체에서 차가운 물체로 이동하기 때문이다. 시간이 한참 지나고 나면 양 물체는 동일한 온도를 유지한다. 이것이 소위 평형 상태이다. 평형 상태에서는 에너지의 수준 차이가 없다. 이것은 물이 평평한 바닥에 있는 것과 같다. 식어버린 석쇠나 평평한 바닥에 있는 물은 더 이상 유용한 일을 할 수 없다. 이때 이들의 에너지는 구속된 에너지이며 무용한 에너지이다. 물론 석쇠는 다시 달굴 수 있으며 바닥의 물도 높은 댐 위로 다시 올릴 수 있다. 그러나 그럴 때마다 자유롭고 유용한 에너지를 다시 소비해야 한다. 결국 평형 상태는 엔트로피가 극대점에 도달한 상태이며 일을 할 수 있는-자유롭고 유용한-에너지가 더 이상 존재하지 않는 상태이다. 이에 그는 열역학 제2법칙을 다음과 같이 요약하였다. "엔트로피-무용한 에너지의 총량-는 극대점을 향해 움직여 가는 경향이 있다."

이러한 열역학 제2법칙에 따르면 지구상의 물질적인 엔트로피는 끊임없이 증가하여 결국은 극대점에 도달한다는 것이다. 왜냐하면 지구는 우주에 대해 폐쇄계인데, 폐쇄계에서는 에너지를 교환할 수 있지만 물질을 교환할 수는 없기 때문이다. 따라서 지구에서 구할 수 있는 에너지원은 지구 자체에 있는 에너지원과 태양에서 흘러들어오는 에너지원뿐이다.

지구 물체들의 재생 효율은 30% 정도이다. 예를 들면 오늘날 폐금속을 재생하여 사용하지만, 이를 수거, 수송하고 다시 가공하는 데 드는 에너지를 계산하면, 결국 환경 전체의 엔트로피는 점점 증가하고 있다. 그리고 태양 에너지는 상대적으로 크지만 지구에 도달하는 형태와 비율은 제한적이다. 물론 지구 내의 에너지원에 비하면 그것의 고갈은 지질학적 시간이지만 그렇다고 그것이 무한한 것은 아니다. 그런데 문제는 물질과 에너지의 관계이다. 물질을 에너지로 교환하는 것은 쉽지만 에너지를 물질로 **변형**시키는 것은 매우 어렵다는 것이다. 예를 들면 나무를 태워 열을 얻을 수 있지만 이 열을 가지고 다시 나무를 얻어내기는 매우 어렵다. 간단히 말하면 지구의 물질은 에너지원으로 사용되어 점점 무용한 물질로 변형된다는 것이다. 앞에 예를 든 금속의 경우, 그 재생 효율이 30%라고 하니 먼 훗날에는 이 지상에 금속이 더 이상 없게 된다. 태양에서 들어온 에너지로 금속을 다시 만들기는 어렵다는 것이다.

그렇다면 이러한 엔트로피 법칙을 피해 갈 수 있는 방법은 무엇일까? 사실 과학자들은 엔트로피 법칙 그 자체의 존재성을 해명하는 것 못지않게 이러한 법칙을 피할 수 있는 방법의 모색에도 몰두하였다. 그들 중 대표적인 두 학자가 맥스웰과 볼츠만이다. 맥스웰의 착안은 이러하다. 평형 상태를 유지하는 폐쇄된 한 공간, 즉 엔트로피의 값이 극대치에 도달하였고 폐쇄된 일정 공간 안에 눈이 아주 좋은 작은 악마를 하나 들여보낸다. 그는 그 공간을 두 칸으로 분리하고 그 사이에 작은 문을 하나 낸다. 그 상태에서도 공기 분자들은 계속 운동할 것이다. 이때 그 악마는 평균 속도보다 더 빨리 움직이는 분자는 왼쪽 방으로, 평균 속도보다 느리게 움직이는 분자는 오른쪽 방으로 모은다. 그러면 나중에 왼쪽 방은 뜨거워질 것이고 오른쪽 방은 차가워질 것이다. 그런데 그런 악마를 어떻게 만들 수 있단 말인가? 나중에 스탠리 앵그리스트와 로렌 헤플러는 이 악마 이론을 실험해 보고 악마조차도 엔트로피의 법칙을 피해갈 수 없다는 사실을 증명하였다.

이 일에 도전한 또 다른 사람이 볼츠만이다. 그의 H 이론은 제2법칙을 확률 내지는 통계의 법칙으로 증명하려고 하였다. 사실 그의 이 확률 개념은 에너지가 차가운 상태에서 뜨거운 상태로 이동할 가능성은 매우 희박하지만 전혀 불가능하지는 않다는 것을 함의한다. 이 점에 대해 에딩턴은 다음과 같이 비꼬았다. "원숭이 떼가 타자기 앞에서 뛰어 놀다가 대영 박물관에 있는 모든 책을 쓸 수도 있을 것이다. 그 확률은 앞서 말한 공간에서 공기 분자가 일시에 한 쪽으로 몰릴 확률보다 훨씬 높다."2)

우리는 열역학 법칙을 거부할 수 없는 진리로 받아들여야 할 것 같다. 한때 아인슈타인이 "과학의 여러 법칙 중에서 최고의 법칙이 무엇인가?"라는 질문을 받았을 때, 그는 다음과 같이 대답하였다. "여러 이론 중에서 전제가 단순할수록, 그것이 관계한 대상이 다양할수록, 적용 범위가 넓을수록 뛰어난 이론이다. 이런 점에서 고전적 열역학이야말로 내게 깊은 인상을 심어준 이론이다. 이것은 내가 확신을 가지고 믿을 수 있는 물리학 이론으로 유일한 것이며, 적용 가능한 범위 내에서는 그 기본 개념이 결코 도전받지 않을 것이다."3)

철학적 관점에서 엔트로피 개념이 중요한 의미를 가지는 것은 시간을 정의할 때이다. 철학 및 과학사(科學史)에서 볼 때 시간에 대한 정의만큼 다양하고 풍부하게 전개된 개념도 없을 것이다. 그러나 그 큰 두 흐름을 언급한다면 하나는 아리스토텔레스에서 시작되는 운동학적 시간 개념이고, 또 하나는 성 아우구스티누스에서 시작되는 심리학적 시간 개념이다. 즉 아리스토텔레스는 외적 사물들의 운동이나 변화에 기초하여, 성 아우구스티누스는 의식 속의 내적 흐름을 직관하면서 시간 개념을 정의하려고 하였

---

2) 제레미 리프킨, 이창희 역, 『엔트로피』(세종연구원, 2006), 66쪽.
3) 제레미 리프킨, 이창희 역, 『엔트로피』(세종연구원, 2006), 68쪽.

다.

아리스토텔레스에 따르면 외적 사물들의 운동이나 변화를 인식하지 않고는 시간을 인식할 수 없다는 근거에서, 운동을 시간 인식의 인식론적 토대라고 주장하였다. 그리고 운동이 연속체듯이 시간도 연속체라고 하였다. 그러나 운동과 시간을 동일시할 수는 없다고 주장한다. 왜냐하면 운동은 다양한 종류가 있을 수 있지만 시간은 오직 동질적인 하나의 시간만이 있기 때문이다.[4] 이러한 시간 개념은 나중에 근세의 갈릴레이, 뉴턴, 데카르트의 시간 개념으로 계승된다. 이 경우에서 시간은 고전적인, 질적 의미는 완전히 사라지고 추상화되어 완전하고 조작적인 시간으로 변형된다. 즉 고전 역학에서의 시간이란 운동체의 속도와 그가 주행한 공간 사이의 관계 비율($t=L/v$)이다. 여기서 시간은 완전 가역적인 것이다. 즉 양방향성을 지닌다. 시간은 (-)방향으로도, (+)방향으로도 이동될 수 있다.

그러나 아우구스티누스에서 시작하여 베르그송, 후설로 연결되는 내적 시간 개념은 이러한 가역성을 거부하면서, 시간은 양적인 것이라기보다는 질적인 것이라는 점을 강조한 바 있다. 이러한 심리학 내지는 관념론적 시간 개념이 시간의 본질을 더 잘 표현했다고 할 수는 없지만, 오늘날 열역학적 시간 개념은

---

[4] 아리스토텔레스에 따르면 운동은 인공 운동(감속 운동)과 자연 운동으로 양분되는데, 자연 운동은 다시 하강 운동(흙, 물 등 : 증가 운동), 상승 운동(공기, 불 등 : 증가 운동), 순환 운동(천체들 : 등속 운동) 등으로 세분된다.

고전 열역학적 시간 개념을 더 이상 수용할 수 없게 한다. 뉴턴 역학에 기초한 시간은 자연의 움직임과 독립되어 있다고 생각되었다.

이처럼 시간이 자연과 독립적 대상으로 고려된 것은 데카르트의 영향이 컸다. 데카르트는 이원론에서 정신과 자연을 완전히 분리하였다. 그에게 있어 시간이란 자연을 관찰하고 질서 지우는 인간 정신이 가지고 있는 도구이다. 즉 시간은 선분(線分)과 같이 1차원 공간으로 표상되었다. 그러나 열역학에서 말하는 시간은 일반인들의 직관에 더 잘 부합하는 시간이다. 일반인들이 "시간은 아무도 기다려 주지 않는다", "시간은 흘러간다", "한 번 지나간 시간은 되돌릴 수 없다"라고 말할 때 이런 말들은 열역학에서 말하는 시간의 비가역성을 정확히 표현한 것이다.

열역학적 관점에서 보면 시간은 한 방향, 즉 앞으로만 흘러간다. 이 방향은 또한 엔트로피 변화의 함수이기도 하다. 즉 시간은 에너지가 집중된 상태에서 분산된 상태로, 질서 있는 상태에서 무질서한 상태로 변화한다. 엔트로피 과정을 역행시킬 수 있다면 시간을 역행시킬 수 있을 것이다. 그러나 그것은 불가능하다. 여기서 중요한 것은 시간에서 물질을 정의하는 전통적인 형이상학(形而上學)은 더 이상 존립할 수 없다는 것이다. 이제는 반대로 물질에서 시간을 정의해야 한다는 것이다.

아리스토텔레스의 생각이나 고전 역학의 이론처럼 시간은 모든 자연 현상과 독립하여 존립하는 실체나 절대적인 원리가 아니다. 시간은 일을 할 수 있는 유용한 에너지가 남아 있을 때에만 존재한다. 소비된 시간은 소비된 에너지의 양에 비례한다. 우주의 유용한 에너지가 고갈되어 갈수록 사건이 일어나는 빈도는 점점 떨어진다. 이는 바로 우리가 사용할 수 있는 실제적 시간이 줄어든다는 것이다. 그리고 다른 한편으로 엔트로피는 우리에게 시간의 방향을 알려 주기는 하지만 속도를 알려 주지는 못한다. 왜냐하면 엔트로피는 사건의 발생 과정에 의존하는 함수이기에 어떤 때는 빠르게, 어떤 때는 느리게 증가하기 때문이다.

여기서 우리는 실재적 시간과 형식적 시간의 구분에 도달할 수 있을 것이다. 우리가 통상 이해하는 과학적, 물리적 시간은 조작적·형식적 시간이다. 이는 이미 공간화 된 시간이다. 즉 완전한 가역성을 기초로 한 물리적 시간—동질적이고 1차원 선분으로 표상되는 시간—은 정신적, 논리적, 조작적 시간이지 현실의 실재적 시간은 아니라는 것이다. 실재적 시간은 실재하는 물질의 상태, 즉 엔트로피 방향에 의존한다. 그런데 엔트로피 법칙에서 실재 자연은 동질적으로, 등속으로 변화하는 것이 아니라 발생하는 사건들의 양에 의존하여 다양하게 진행한다. 그러나 그 방향은 엔트로피가 증가하는 방향뿐이라는 것이다.

역사는 예정되어 있는가? 우리의 자유의지(自由意志)에 의해 얼마든지 구성될 수 있는가? 이는 아주 오래된 철학적 질문이다. 그러나 엔트로피 법칙은 이제 이러한 질문에 어느 정도 대답을 해 준다. 우리는 엔트로피 과정을 역행시키거나 시간을 역행시킬 수 없다. 그러나 엔트로피 과정이 발생하는 속도에 대해서는 우리의 자유의지에 따라 조절할 수 있다. 우리가 여기서 담배

한 대를 덜 피우거나 자동차를 타지 않고 걷는다면, 엔트로피 발생 과정의 속도는 지연되고 우리가 사용할 수 있는 시간은 더 저축된다. 바로 여기서 과학은 형이상학 및 윤리학과 만나게 될 것이다.

그런데 이러한 제2법칙의 적용 범위는 어디까지일까? 아인슈타인이 말한 것처럼 이것은 단순한 물리적 법칙이 아니라 생물학까지 포함해서 우주 전체에까지 적용되는 것 같다. 이것은 무엇보다도 우주론의 초석이다. 벤자민 톰슨이 1895년에 제2법칙의 우주론적 함의를 최초로 언급한 뒤에, 헬름홀츠는 엔트로피 법칙에 입각한 표준 우주 이론을 제출했다. 그의 이론의 핵심어는 '열 죽음'이라는 개념이다. 이 이론에 따르면 우주는 점차 쇠락하여 궁극적으로 엔트로피 극대점 또는 열 죽음의 상태에 도달한다는 것이다. 이러한 착상은 우주의 기원론에 있어 널리 알려진 '대폭발 이론'과도 잘 부합된다. 즉, 조르주 르메르트가 최초로 체계화한 '대폭발 이론'에 따르면 엄청난 밀도의 에너지원이 폭발함과 동시에 우주가 시작되었다.

그리고 이제 여기에 엔트로피 이론을 첨가하면 우주의 진행은 다음과 같이 기술된다. 이 고밀도 에너지는 팽창함에 따라 속도가 느려지고 그 안에서 은하, 행성, 항성 등이 발생했다. 그런데 이 에너지가 계속 분산되어 확장됨에 따라 섞임의 상태는 점점 더 증가하여 질서는 점점 더 사라지고 엔트로피는 극대점에 도달한다. 이 상태가 바로 열 죽음의 상태라는 것이다. 그렇게 하여 우리는 최후의 평형 상태에 도달한다. 이 상태는 또한 시간의 죽음 상태이다.

이러한 이론에 대해 '연속적 창조 이론'(theory of continual creation)이라고도 명명되는 '정상 우주론'을 제기한 프레드 호일, 토마스 골드, 허먼 본디 등은 1948년에 앞에서 제기한 우주 종말론에 이의를 제기하였다. "우주는 분명히 팽창하고 있지만 우주의 외부에서 (-)엔트로피가 주입되어 열 죽음이나 엔트로피 극대점을 피할 수 있다"[5]라는 것이다. 즉 엔트로피 증대를 상쇄할 수 있는 적정량의 (-)엔트로피가 외부에서 우주로 들어와 사라지는 전체만큼 다시 창조된다는 것이다.

그러나 리프킨에 따르면 그러한 일은 불가능하다. 그는 "계속된 실험 결과, 그들의 이론은 틀렸다는 것이 밝혀졌다. 1960년대 천문학자들은 우주공간 안의 전파원의 수를 세기 시작했다. 정상 우주론이 옳다면 전파원의 수는 과거나 현재에 크게 다르지 않아야 한다. 실험 결과는 정상 우주론자들에게 치명적인 것이었다. 실험을 통해 먼 옛날에는 전파원의 수가 지금보다 많았다는 것이 밝혀진 것이다. 이를 통해 대폭발 이론과 제2법칙 그리고 우주의 엔트로피는 극댓값을 향해 움직여 간다는 사실, 열 죽음 등이 재확인되었던 것이다"[6]라고 하였다.

이제 엔트로피와 생명과의 관계에 대해 살펴보자. 일반적으로 생물학적 진화의 과정은 무질서에서 벗어나 더 큰 질서를 창조해 가는 과정이라고 믿고 있다. 우리는 식물이나 동물에서 수 조

---

5) 제레미 리프킨, 이창희 역, 『엔트로피』(세종연구원, 2006), 71쪽.
6) 제레미 리프킨, 이창희 역, 『엔트로피』(세종연구원, 2006), 71쪽.

개의 세포가 어떻게 저렇게 질서를 창조할 수 있었던가에 감탄한다. 그러면 열역학 제2법칙은 생명의 법칙에 위배되는가? 그렇지 않다는 것이 일반적인 입장이다. 사실 생명체에 열역학 제2법칙을 그대로 적용하기는 다소 어려운 점이 있다. 그러나 그렇다고 유기체가 이 법칙에서 완전히 벗어나는 것은 아니다. 물리계와 유기체 사이에 열역학 제2법칙을 적용하는 데 약간의 차이가 있다면, 열역학 제2법칙을 고려한 물리적인 계는 폐쇄계인데 반해 유기체는 개방계이다.

폐쇄계는 주변 환경과 에너지는 교환하지만 물질을 교환하지는 않는다. 그러나 개방계는 에너지뿐만 아니라 물질도 교환한다. 따라서 생명체는 살아 있는 한, 평형 상태에 도달하지 않는다. 왜냐하면 평형 상태란 죽음이기 때문이다. 유기체들은 주변으로부터 물질이나 에너지를 흡수하여 평형 상태로부터 멀리 떨어지려고 노력한다. 이러한 상태를 '정상 상태'라고 한다. 따라서 물질과 에너지가 유기체로 흐르는 것을 멈추면 정상 상태는 깨어지고 생명체는 곧 평형 상태-죽음-에 도달하게 된다. 이러한 상태를 연구하는 분야가 소위 '비평형 열역학'이다.

비평형계는 평형계와 동일한 방식으로 설명될 수는 없지만, 어느 것도 열역학 제2법칙의 큰 흐름에서 벗어날 수 있는 것은 아니다. 이에 해롤드 블룸은 『시간의 화살과 진화』에서 다음과 같이 주장하였다. "생명체의 성장에 따른 부분적인 소량의 엔트로피 감소는 우주에서 보다 큰 엔트로피의 증가를 수반한다." 먹이 사슬을 통해 유기체 내에서도 엔트로피가 어떻게 증가하는가를 잘 볼 수 있다. 생물학자들의 보고에 따르면 한 사람이 1년을 살기 위해서는 300마리의 송어가 필요하고, 300마리의 송어는 9만 마리의 개구리가 필요하고, 이 개구리들은 2,700만 마리의 메뚜기를 필요로 한다. 그리고 메뚜기들은 1,000톤의 풀을 필요로 한다고 한다. 그런데 이러한 각각의 과정에서, 즉 먹이를 삼키고 소화하는 과정에서 발생하는 에너지의 80~90%는 단순히 낭비되거나 열의 형태로 주변으로 빠져나가고, 10~20%만 다시 포식자의 살로 축적된다.

결국 에너지는 모든 생명체를 통해 계속 흘러가는데, 높은 수준-유용한 에너지에서 생명체로 들어가 낮은 수준의 무용한 에너지-으로 변형되어 나온다. 결국 우리 주변의 모든 기계나 유기체들은 유용하고 높은 수준의 에너지를 무용하고 분산된 에너지로 변형시키는 변환자(變換者)들이다. 이러한 상황으로 인해 에너지 절약 시스템을 갖추지 못한 유기체들은 멸종된다. 공룡들이 사라지게 된 것은 당시의 지구 환경 조건에서 그들이 생존에 필요한 물질 및 에너지를 충분히 제공받을 수 없었기 때문이다. 인간의 선조인 포유류의 한 종이 지구에 있었던 화산 대폭발기에도 살아남을 수 있었던 것은 폐호흡을 통해 최소한의 산소로 생존하는 메커니즘-에너지 절약 시스템-을 갖추었기 때문이라고 해석한 사람들이 있다. 이러한 설명은 열역학 제2법칙에 가장 잘 부합될 것이다.

어쨌든 우리는 생물의 역사가 진화와 동시에 멸종의 역사라는 것을 너무나 분명하게 본다. 왜 그럴까? 종(種)이 한 단계에서 다음 단계로 진화할수록 더 많은 양의 에너지를 유용한 상태에서 무용한 상태로 변환시키기 때문이다. 즉 진화는 군데군데 질서의 섬을 창조하지만, 이에 반해 그보다 몇 배 더 크고 거대한 무질서의 바다를 창조한다는 것이다. 따라서 유기체의 진화는 궁극적으로 인류의 멸망을 초래한다는 논리이다.

엔트로피와 정보

엔트로피 개념을 최초로 착안한 독일의 물리학자 클라우시우스는 열은 왜 아래로만, 즉 뜨거운 곳에서 차가운 곳으로 흐를까를 자문했다. 이 질문에 답하기 위해 엔트로피라는 용어를 고안했다. 그가 고안한 이 엔트로피의 정의는 열/온도이다. 즉 엔트로피는 열을 온도로 나눈 값이다. 따라서 엔트로피 그 자체는 단순한 수학적·조작적 식일 뿐이다. 그런데 이 식은 하나의 속성을 갖는다. 계(系)를 그냥 방치해 두었을 때 그 계의 엔트로피와 주위 환경이 가지는 엔트로피의 합은 항상 일정하게 유지되거나 증가할 뿐이지 감소되는 경우는 좀처럼 없다는 것이다.

엔트로피의 이러한 일방성은 열 흐름 방향의 일방성을 연상시킨다. 사실 클라우시우스는 이러한 일방성에 근거하여 열역학 제2법칙을 선포하였다. "외압이 없는 한 엔트로피는 일정하게 유지되거나 증가한다." 하나의 간단한 예를 들어 철로 된 동일한 크기의 정육면체 두 개가 있다고 하자. 하나는 온도가 100도이고 다른 하나는 1도라고 하자. 이 두 물체를 접합하면 열은 높은 물체에서 낮은 물체로 흘러갈 것이다. 여기서 전체 열량은 에너지 보존 법칙에 의해 그대로 보존된다. 이때의 엔트로피를 1이라고 하자. 여기서 열이 고온에서 저온으로 이동하면 고온의 물체는 1/100(열량/온도)만큼의 엔트로피를 상실하게 된다고 해석하고, 반면에 저온의 물체는 1/1(열량/온도)만큼의 엔트로피를 얻는다고 해석하였다. 그렇게 하여 두 물체를 합친 전체 계의 엔트로피 변화량은 '얻는 양-상실한 양'이다. 즉 1-1/100=0.99라고 해석하였다. 만약에 열이 반대 방향으로 흐른다면 수식은 반대가 되어 -0.99가 될 것이다. 이는 엔트로피 감소를 의미하며 바로 열역학 제2법칙에 위배되는 것을 의미한다. 그러나 이러한 일은 이 우주에서는 절대로 일어날 수 없다는 것이다.

그런데 단순한 조작적 수식과 이것이 함의하는 인식론적 의미를 찾는 것은 다른 것이다. 엔트로피는 형식상으로 단지 열량 나누기 온도이다. 그런데 이 비율이 실제로 어떠한 인식론적 의미를 가지고 있는가?

일반적인 수식은 실제적으로 관측할 수 있는 양을 근거로 한다. 예컨대 '넓이=가로 길이×세로 길이'이다. 여기서 가로나 세로는 우리가 측정할 수 있는 정보량이다. 즉 인식할 수 있는 양이다. 엔트로피도 형식상으로 열량에 온도를 나눈 값이다. 따라서 이는 온도계, 자, 저울, 그리고 압력계를 통해 측정할 수 있는 양이다. 그렇다면 단지 그것이 전부인가? 볼츠만은 이러한 단순하고 조작적인 해석에 만족하지 않고, 이 식은 뭔가 심오한 진리를 함축하고 있다고 생각하여 이를 해명하려고 노력하였다. 즉 열은 무작위하게 움직이는 무수한 원자의 운동 에너지의 총합이고,

온도는 개별 분자들이 가진 에너지의 평균이고, 기체의 압력은 용기 속의 분자들이 내부의 벽을 밀어내는 힘의 총합이고, 기체의 질량은 계(系) 속에 있는 모든 원자의 질량의 총합이라는 것을 그 당시에 인식하였다.

그래서 열 현상을 기술하는 이러한 물리량들에 대해서는 단순한 조작적 계산뿐만 아니라, 그러한 계산식 내지는 계산식을 통해 주어진 양이 무엇을 의미하는지가 해명되었다. 그러나 엔트로피(즉 '열량/운동'이라는 이 식이 함의하는 구체적, 물리적, 실재적 의미)에 대해서는 아무도 알지 못했다. 볼츠만의 천재성은 바로 이 점을 해명한 데 있다.

그의 결론을 미리 말하면 엔트로피는 우리에게 '결여되어 있는 정보의 양'이라는 것이다. 뜨거운 물 분자가 든 그릇과 차가운 물 분자가 든 그릇을 결합하면 분자들의 배열의 수는 가히 무한할 것이다. 그러나 그러한 무한한 경우들 중에 초기 상태의 어떤 경우보다는 나중 상태의 어떤 경우가 나타날 확률이 더 높을 것이다.

순수 가능성의 차원에서 말하자면 속도가 빠른 분자와 속도가 느린 분자를 같이 섞었을 때 가능한 배열의 수는 무한한 것이다. 그러나 이는 인간의 지성에서 무한한 것이지, 전지전능한 신의 지성에서는 그런 것이 아닐 수도 있을 것이다. 그러나 어쨌든 인간의 지성에서 볼 때 뜨겁고 빠른 분자 모두가 특정의 한 그릇에 모이고, 차갑고 느린 분자가 다른 그릇에 다 모일 확률은 양자가 적절하게 섞여질 확률보다 적을 것이다. 이를 볼츠만은 "최종적인 혼합 배열이 산출될 확률은 최초 배열이 유지될 확률보다 높다"라고 말한다.

이렇게 하여 볼츠만은 최초로 엔트로피 개념을 입자들의 위치, 속력, 무게, 크기, 압력 등과 같은 개념들로 해명하려는 차원을 벗어나 무작위적 과정, 개연성, 확률 등과 같은 개념으로 해석하려고 시도하였다. 그리고 그는 이렇게 '배열들의 방식의 수' 개념으로 엔트로피를 정의하려고 노력하였다. 크기가 같은 기체 덩어리 두 개를 합치면 질량도 두 배, 에너지도 두 배, 엔트로피도 두 배이다.

화학자들은 엔트로피가 에너지나 질량처럼 합산되는 양이라는 것을 안다. 따라서 단순한 '배열 방식의 수' 개념을 그대로 두고 엔트로피 개념으로 사용한 것은 아니다. 말하자면 방식의 수는 곱한다. 그런데 두 물체의 엔트로피의 합은 단순히 더한다. 그는 이를 위해 로그 함수를 이용하였다. 잘 알다시피 로그는 곱셈되는 양을 덧셈되는 양으로 변환시키는 놀라운 능력을 가지고 있다.7) 즉 엔트로피는 방식의 수[W]의 로그값이다. 그리고 여기에 다시 적절한 단위를 가진 비례 상수 k를 곱으로 첨가시켰다. 엔트로피는 열량/온도인 반면 로그값은 특정한 단위가 없는

---

7) 로그 함수는 산술을 자릿수 세기로 단순화시킨다. 예를 들어 600곱하기 6,000은 3,600,000이다. 이때 600의 자릿수 3과 6,000의 자릿수 4를 더하면, 3,600,000의 자릿수 7이 된다. 그렇게 하여 대략적인 근사값만 필요하다면, 실제로 곱셈을 할 필요 없이 자릿수를 세는 것만으로 충분히 유용한 근사값을 얻을 수 있다. 마찬가지로 나눗셈도 뺄셈으로 단순화된다.

순수 양이기 때문이다. 이때 비례 상수는 적절한 단위를 가져야 할 것이다. 이렇게 하여 엔트로피를 S로, 비례 상수를 k로, 방식의 수를 W로 표기하여 '$S = k \log W$'라는 식이 구성되었다.

병 속에 들어 있는 수 조 개의 원자가 부피, 압력, 온도라는 세 가지 정보만을 유지한 채 배열될 수 있는 방식의 수는 천문학적 수이다. 하지만 만약 그 속에 들어 있는 모든 분자의 위치와 속도를 정확히 기록하거나 인식할 수 있는 지적 존재자—신과 같은—가 있다면, 그에게 특정의 정보 값을 만족하는 배열 방식의 수는 1일 것이다. 그러나 우리는 현실적으로 기껏 온도, 부피, 압력, 속도 등과 같은, 계의 전체적인 정보 값만을 알 뿐이지 그들 모든 원자나 분자들 하나하나의 위치와 속도를 계산하거나 측정할 수는 없다.

따라서 계의 전체적 정보 값을 일정하게 유지하는 원자들의 배열 방식의 수는 우리 인간에게는 어마어마할 것이다. 그런데 잘 알다시피 1의 로그값은 0이다. 다시 말하면 개별적인 원자나 분자들의 거동을 정확히 인식할 수 있는 신과 같은 지적 존재자에게는 엔트로피가 0이지만, 그러한 원자들의 거동을 오직 확률적으로 아는 우리들과 같은 인간에게는 엔트로피가 큰 수가 될 수 있다는 것이다. 즉 원자들에 대한 정보가 적으면 적을수록 엔트로피는 증가하고, 그들에 대한 정보를 많이 알면 알수록 엔트로피는 감소한다는 것이다.

이러한 차원에서 볼츠만은, 엔트로피는 계를 이루는 원자들의 세부 운동에 대한 우리의 무지를 나타내는 측정값이라 말한다.

볼츠만의 해석에서 정보의 양과 관련된 항은 W, 즉 계를 배열하는 방식의 수이다. 그 수가 크면 우리의 무지는 크고, 그 수가 작으면 우리의 무지도 작다. 이런 대략적인 방식으로 엔트로피를 결여된 정보와 동일시함으로써 볼츠만은 정보 개념을 물리학의 영역 속에 들여놓았다. 정보와 엔트로피의 연관성을 설명할 때, '배열' 이나 '질서' 등의 개념을 사용한다는 것은 놀라운 일이 아니다. 왜냐하면 두 개념은 '형상'과 동의어이기 때문이다.[8]

과거의 세계관들에 대한 열역학적 비판

이제 이러한 열역학적 세계관이 필연적인 진리로 받아들여져야 한다면, 지금까지 우리가 믿고 있었던 대부분의 세계관은 오류일 것이다. 이는 마치 갈릴레이 이전의 천동설이 지동설로 대체되는 것에 대응될 수도 있을 것이다. 그런데 이러한 열역학적 관점에서 보면 고대·중세의 세계관이 근세의 기계론적 세계관의 진보주의보다 훨씬 더 우주 역사의 현실에 가깝고, 인간 행동의 규범을 위해 보다 더 바람직한 것으로 보인다.

우선 고전적 세계관에 대해서 말하자면, 물론 학자에 따라 다양한 이론과 해석을 제시할 수 있겠지만, 우리가 여기서 분석하고자 하는 학자는 헤시오도스의 역사관이다. 그는 역사를 5단계의 순환으로 파악하였다. 즉 황금시대, 은의 시대, 청동시대, 영웅의 시대 그리고 철의 시대이다. 풍요와 만족의 시대인 황금시대가

---

[8] 한스 크리스천 폰 베이어, 전대호 역, 『과학과 새로운 언어 정보』(숭산, 2007), 146쪽.

가장 좋은 시대이고, 철의 시대가 가장 살기 어려운 시대이다. 이는 그리스 신화(神話)에서 전해지는 역사의 구분이기도 하다. 뿐만 아니라 플라톤, 아리스토텔레스도 동일한 입장을 지지하였다. 그리스인들은 역사를 지속적인 쇠락의 과정으로 보았다. 로마인 호라티우스도 "시간은 세계의 가치를 떨어뜨린다"9)라고 말하였다. 그러나 토마스 홉스는 이러한 세계관에 대해서 반대하였다. 그는 인간의 자연 상태를 '외롭고, 가난하고, 괴롭고, 야만적이고 짧은 삶'으로 인식하였다. 한편 오늘날 인류학자들은 그와는 좀 다른 의견을 개진한다.

즉 현대인들은 구석기 시대의 사람들에 비해 훨씬 적게 노동하고 더 풍요롭고 건강하게 산다고 생각할지 모르나, 오늘날 남아있는 극소수의 수렵 채취인들의 삶을 관찰하면 전혀 반대 사실을 발견할 수 있다는 것이다. 현대인들은 일주일에 40시간 동안 일하고 1년에 2~3주 정도의 휴가를 가진다면, 수렵 채취인들은 일주일에 12~20시간 동안 일하고 몇 달에 걸쳐 일을 하지 않는다. 대신 그들은 스포츠, 예술, 음악, 춤, 제례 의식, 상호 방문 등으로 여가 시간을 즐긴다.10)

전술한 그리스인들의 세계관의 관점에서 본다면 지속적인 변화와 성장이라는 근대적인 세계관은 들어설 자리가 없다. 오히려 반대로 역사는 최초의 완벽한 상태를 조금씩 갉아먹고 있는 것을 의미한다. 그렇다면 우리가 취해야 하는 이상적인 조치는

---

9) 제레미 리프킨, 이창희 역, 『엔트로피』(세종연구원, 2006), 25쪽.
10) 제레미 리프킨, 이창희 역, 『엔트로피』(세종연구원, 2006), 26쪽.

이러한 쇠락 과정을 최대한 늦추는 노력일 것이다. 이는 바로 열역학적 세계관의 함의이기 때문에, 그리스인들의 세계관이 우리에게 주는 암시는 대단히 중요하다고 생각된다. 즉 열역학적 세계관에서 보면 그리스인들이 역사를 이러한 쇠락 과정으로 본 것은 오히려 실질적인 역사 과정을 정확히 묘사한 것이다.

중세 전반을 지배했던 기독교적 세계관도 그리스적 순환 개념을 버리긴 하였지만 역사를 일종의 쇠락 과정으로 기술하였다. 중세인들은 이 세상에서의 삶을 저 세상으로 가는 중간적 단계에 불과하다고 생각하였다. 즉 기독교 신학에서는 역사는 시작, 과정 그리고 종말을 가진다고 생각하였다. 여기서는 역사가 순환이라기보다는 일직선으로 나아간다고 생각했다. 그리고 근대의 기계론적 역사관이 지지했던 진보의 역사가 아니라 타락과 쇠락의 진행이라고 믿었다. 시간이 경과함에 따라 악이 혼돈과 해체의 증폭을 낳는다고 생각하였다. 인간은 원죄로 인하여 이 세상에 대해 어떠한 변화나 발전도 줄 수 없다. 이 세상의 일체의 변화나 운동은 신의 의도이며 계획이다. 즉 역사를 만드는 것은 신이지 인간이 아니다. 그러므로 개인은 더 이상 이 세상을 변화시키려고 의도하거나 계획해서는 안 된다.

역사가인 존 랜들이 지적한 것처럼 중세의 기독교인들에게 있어 일체의 존재는 그 자체로서 의미가 있는 것이 아니라, 인간의 순례자적 삶과 연관해서만 의미가 있는 것이다. 따라서 중세적 삶의 역사적 틀을 유지시킨 것은 개인의 자유와 권리가 아니라 신에 대한 책임과 의무였다. 이 때문에 사회는 이러한 목적을 달성하기 위해 존재하는 거대한 유기체로 고려되었다.

우리가 아는 바와 같이 이런 맥락에서 구성된 이론이 '목적론적 세계관'이며 '사회 유기체론'이다. 그러나 우리가 여기서 강조하고자 하는 것은 중세의 세계관이 전혀 과학적 근거가 없는 신화에 근거한다고 하더라도, 그들도 역사를 쇠락의 과정으로 생각했다는 것이다. 이는 바로 다음에 이어지는 기계론적 세계관에 극명하게 대립되는 것이다. 열역학적 세계관에서 보면 신화적인 기독교적 세계관이 역사를 진보의 과정으로 파악한 기계론적 세계관보다 오히려 우리에게 시사하는 바가 더 크다는 것이다.

근대의 기계론적 세계관에 입각하여 플라톤, 아리스토텔레스, 성 바오로, 성 아우구스틴 등 거장들의 세계관인 타락과 쇠락으로서의 역사 개념에 종지부를 찍은 최초의 학자는 소르본대학 교수 자크 튀르고[11]이다. 그는 1750년 어느 강의에서 역사에 '진보'라는 의미를 최초로 부여하였다. "역사는 일직선으로 진행하는 것이며, 각 단계는 앞선 단계보다 진보한 모습을 보여준다. 역사는 축적의 산물임과 동시에 진보하는 것이다."[12] 물론 역사는 때로는 정체하기도 하고 퇴보하기도 한다. 그러나 전체적으로는 진보한다는 것이다. 이러한 진보, 발전, 축적의 역사관을 가능하게 한 물리 철학적 사상은 뉴턴, 베이컨, 데카르트 등에 의해 구성된

---

11) Anne-Robert-Jacques Turgot(안느 로베르 자크 튀르고, 1727~1781) : 정치가이자 철학자. 루이 16세는 1774년 중농주의(重農主義) 경제학자 튀르고를 등용하여 재정총감에 임명.

12) 제레미 리프킨, 이창희 역, 『엔트로피』(세종연구원, 2006), 32~33쪽.

기계론적 세계관이다. 말하자면 세계와 우주는 시계나 기계처럼 정확한 메커니즘에 따라 운동한다는 것이다. 신은 이 세계를 최초로 창조한 것으로 자기의 소임을 다한 것이다.13) 그 다음부터는 우주 그 자체가 자신의 물리적 법칙에 따라 정확히 움직이고 있다는 것이다. 세상에 존재하는 그 어떠한 산물도 엄밀한 뉴턴의 운동 법칙14)에서 벗어난 것은 아무것도 없다는 것이다.

이제 세상은 속죄, 은둔, 기도가 아니라 정밀, 신속, 정확 등이 가장 중요한 가치이다. 이 세계는 신이 만든 완벽한 기계라서 우리가 이성적으로 정확히 계산만 하면, 일체의 자연 현상에 대해 한치의 오차도 없이 미래 상태를 예측할 수 있다는 것이다. 이러한 기계론적 사고는 우리의 일상적 생활에 너무나도 깊숙이 침투하여 우리들의 일상적 담론들이 모두 기계적 용어로 대체되었다. 예를 들면 아프가니스탄의 텔레반 반군들은 한국 정부가 자기들과 인질 석방 협상에 임할 충분한 '동기'를 가졌는가 확인하면서, 그 관계를 '측정'한다. "생이 잘 돌아간다", "그들과 마찰을 피하자", "그들과 관계를 재조정하자" 등의 표현은 모두 다 기계론적 표현들이다. 이들 외에도 얼마든지 그 예를 들 수 있을

---

13) 이는 데카르트의 세계관인데, 이 점에 대해서 파스칼이 『팡세』에서 신랄하게 비판한 적이 있다.
14) 운동 제1법칙 : 외력이 가해지지 않는 한, 정지한 물체는 계속 정지하고 운동하는 물체는 계속 등속 직선 운동을 한다. 제2법칙 : 물체의 가속도는 그 물체에 가해진 힘에 비례하고 그 방향은 가해진 힘이 가리키는 직선 방향이다. 제3법칙 : 모든 힘에는 크기가 같고 방향은 반대인 힘이 동시에 작용한다.

것이다.

기계론적 세계관에서는 실험과 관찰에 의해 세계의 법칙을 구성하고, 이를 토대로 미래를 예측하여 자연을 지배하고 정복하는 것을 미덕으로 삼는다. 그리스인들에게 있어 과학은 사물이 '왜'(why) 있게 되었는가에 대한 질문에 답하려고 했다면, 이제 베이컨은 그러한 질문은 어떠한 생산성도 주지 못하는 형이상학적 질문이라 평가하면서, 사물이 '어떻게'(how) 저렇게 주어지게 되었는가를 탐구해야 한다고 주장하였다. "객관적으로 생각해 봐", "증명해 봐", "사실만 이야기해" 등등은 이미 베이컨적 표현이고 기계론적 세계관을 전제하고 있다.

다른 한편으로 기계론은 수학을 이상적인 지식의 도구로 고려한다. 데카르트는 다음과 같이 말한다. "나는 수학이 인간에게 주어진 어떤 것보다도 강력한 지식 획득의 수단이라고 확신하고 있다. 수학은 모든 것의 원천이다." 자연의 모든 변화는 수학적으로 기술될 수 있다는 것이다. 그렇게 하여 그는 색과 맛을 가지고 있는, 살아서 숨쉬는 유기체로서의 자연 대신에 그것을 단순히 움직이는 물체로 해석하였다. 중요한 것은 오직 공간과 위치라고 외치면서 모든 질적인 것을 양적인 것으로 환원해 버렸다. 외연과 움직임만 알면 우주라도 창조할 수 있다고 그는 생각하였다.

정부와 사회의 역할을 기계론적 패러다임 안으로 환원한 자가 존 로크라면, 경제를 기계론적 패러다임 안으로 끌어들인 자는 아담 스미스이다. 로크에 따르면 정부의 목적은 사람들이 자신의 힘을 자연에 적용하여 부를 창출할 수 있는 자유를 갖게 하는 것이다. 부의 축적을 위한 지나친 자유가 결국 상호간에 해악을 초래할 수 있다는 우려를 가질 필요는 없다. 왜냐하면 로크에게 인간의 성(性)은 선(善)하기 때문이다. 그리고 자연은 우리 인간이 사용하고도 남을 충분한 사물을 소유하고 있기 때문에 우리가 서로 싸울 필요가 없다.

같은 맥락에서 경제학자 스미스의 이론도 탄생했다. '자연적인' 경제의 힘을 무리하게 통제하려 하면 비효율이 발생한다는 것이다. 물질적 이익 추구는 인간의 자연스러운 본성이기에 이러한 인간의 이기주의를 통제하는 사회적 장벽을 만들어서는 안 된다는 것이다. 오히려 이러한 인간의 이기주의의 욕구를 인정해야 한다는 것이다. 왜냐하면 이러한 이기주의는 결국 모든 사람에게 이익이 되기 때문이라는 것이다.

이렇게 하여 로크가 사회적 관계에서 도덕성을 제거했다면, 스미스는 경제에서 도덕성을 제거해 버렸다.15) 그러나 오늘날 열역학이 주는 시사점은 그 반대이다. 소비는 미덕이 아니라 '악'이라는 것이다. 풀 한 포기라도 소비되면 그만큼 더 많은 엔트로피가 증가한다. 부(富)의 창출과 축적은 미덕이 아니라 우주의 종말을 앞당기는 악이다. 오늘날과 같은 풍부한 상품과 전기·전자적 삶은 구석기 시대의 수렵 채취적인 삶에 비해 엔트로피를 훨씬 더 증가시킨다.

표면상으로 다윈의 진화론은 기계론과 상반되는 것으로 보일 수 있을 것이다. 진화론은 유기체에 대한 법칙이고 기계론은

---

15) 제레미 리프킨, 이창희 역, 『엔트로피』(세종연구원, 2006), 48쪽.

물체들의 역학에 관한 법칙이기 때문이다. 그러나 자세히 보면 다윈의 진화론도 이러한 진보의 역사관을 그대로 구현하고 있다. 자연 상태에서 각 개체는 다른 모든 생명체와 무자비한 전쟁 상태에 있다. 끝까지 살아 남아서 자신의 유전자를 다음 세대에 전달하는 데 성공한 개체들은 물질적 이익을 가장 잘 지킨 개체들이다. 즉 각 세대들은 앞선 세대들보다 자기 이익을 극대화할 능력과 물질적 풍요를 충족시킬 능력이 뛰어나다는 것을 의미한다.

결국 다윈의 진화론은 기계론적 세계관의 정확한 반복으로 해석된다는 것을 알 수 있다. 그리고 진화는 질서가 계속 증대해 가는 과정으로 해석된다. 그러나 유기체의 먹이 사슬은 위로 상승할수록 열 효율은 점점 더 저하된다는 것을 앞에서 지적하였다. 즉 진화가 부분적으로는 질서의 섬들을 구성할 수 있다. 그러나 전체적으로 그러한 섬들이 뜨게 하는 바다의 양만큼 엔트로피를 증가시킨다는 것을 상기해야 할 것이다.

최한기의 세계관

기의 이중성

최한기가 끝까지 기계론적 세계관의 수립에만 관심을 가졌거나 근대 과학에서 말하는 물질(matter) 개념을 새로운 방식으로 활용하거나 혹은 자기 운동성이 없는 무생명의 물질 개념이 도저히 여의치 않았을 경우를 생각해 볼 수도 있다. 만약 그랬다면 자기 운동성을 가진 원자(atom)와 이것이 운동할 수 있는 텅 빈 공간(space)만을 존재로 인정하는 무목적론적인 원자론을 도입해 보는 것이 더 편리했을 것이다. 하지만 최한기는 근대 과학 기술과 그 기계론적 세계관의 도입에 열광하면서도 거기에 머무르려 하지 않았다. 바로 이것이 최한기가 전통적인 기학(氣學)에서 음양 오행이 없는 기(氣)의 유형성(有形性)-운동성-을 받아들이고, 더 나아가 기의 유형성-운동성-보다 더 근본적인 기의 충만성·통일성까지 적극 받아들여 이를 자신의 학문에 근본으로 삼게 되었던 이유였다.

최한기는 전통적인 기학으로부터 기의 충만성·통일성을 받아들이고 있다. 이것은 유형을 가지고 살아 움직이는 물질 그 자체의 우주적 본성인 천명에 물질 개념을 두고 있다. 최한기의 말을 들어 보자.

> 천지를 가득 메우고, 물체를 푹 젖게 하며, 모였다가 흩어지는 것이건, 모이지도 흩어지지도 않는 것이건, 모두 기 아닌 것이 없다.16)

이 말은 천지 사이 어디에나 가득 차 있는 기의 충만성(열역학 제1법칙) 그리고 만물의 생성과 소멸은 결국 충만해 있는 기의

---

16) 『神氣通』卷1-1 : "充塞天地, 漬洽物體, 而聚而散者, 不聚不散者, 莫非氣也."

모임과 흩어짐에 불과함(열역학 제2법칙)을 말해 준다.

> 기(氣)는 하나이지만 인(人)에게 부여되면 자연히 인의
> 신기(神氣)가 되고, 물(物)에게 부여되면 저절로 물의 신기
> 가 된다.17)

이 말은 기의 근원적인 통일성 그리고 서로 다른 만물이 모두 하나의 기로부터 유래했음을 말해 준다. 이상의 두 인용문은 모두 초기의 것들인데 비슷한 언급들이 그의 만년에도 도처에서 되풀이 되었다.

그는 기 개념에서 존재(물질)의 충만성과 통일성을 찾았다. 따라서 기존의 기철학은 근원적 일기와 현상의 개별자를 질적으로 다른 것으로 보고, 근원적 일기(一氣)의 성격이 현상에서 어떻게 구현되고 있는가에 주목하였다. 이에 비해 최한기는 기는 한 덩이의 활물이고, 천지지기(天地之氣)의 본성은 그것이 어떠한 형태를 취하고 있든지 변하지 않는다고 하였다.

> 대체로 이 기(氣)는 한 덩어리의 활물이므로 본래부터
> 순수하고 담박하고 맑은 바탕을 가지고 있다. 비록 소리와
> 빛과 냄새와 맛에 따라 변화하더라도 그 본성만은 변하지
> 아니한다. 이에 그 전체의 덕을 총괄하여 신(神)이라 한

---

17) 『神氣通』卷1-8 : "氣是一也, 而賦於人則自然爲人之神氣, 賦於物則自然爲物之神氣."

다.18)

그가 기의 충만성·통일성을 말하는 것은 그의 기 개념에 기계론적 세계관 이상의 어떤 것에 대한 관심이 이미 포함되어 있음을 시사한다. 전통적인 기학에 따르면 기의 유형성·운동성을 자신 속에 포함하는 기의 충만성·통일성으로 인해 이 우주는 하나의 거대한 유기체가 된다. 기의 충만성·통일성은 기계론적 세계관[氣]과 어울리기 어려운 유기체론적 세계관[神氣]의 근거이다.

그는 우주 구조에 대한 명확한 이해에 도달하지 못한 부분도 없지 않다. 그는 나름대로 몇 가지 생각을 하였다.

> 우주에 가득 차서 '순환하고 변화[運化]'하면서 만물을 생성하는 기(氣)가 순환하여 쉬지 않아 원근과 상하가 서로 끌어당겨 작용하여 지구·달·태양·별 등 몸체가 둥근 물건이 항상 기가 순환하는 가운데 있으니 어찌 항상 정지하여 움직이지 않겠는가. 여러 천체가 회전함에 기(氣)가 따라서 움직이는가? 여러 천체와 '기화'(氣化)가 각각 순환하며 도는 성(性)을 가지고 있는가? 라는 등 의문을 제기하면서, 비록 분별해서 지적할 수는 없으나 옛날부터 지금까지 무궁한 '순환과 변화[運化]'에 물(物)이 피할 수 없다고 생각하였다.19)

---

18) 『神氣通』卷1, 氣之功用.

'생명성·운동성·순환성·변화성'[活動運化]을 지닌 기(氣)는 우주 안에 가득 차 있다. 비록 지구·달·태양·별이 운동하는 궤도가 있으나, 원근과 대소와 타원의 모양이 있고 때로는 확대와 축소의 나누어짐이 있다. 따라서 이것을 도형으로는 사실대로 설명할 수 없다는 것이다.

'활동운화'와 음양 오행 사이의 닮은 점으로 자기 운동성, 순환성과 상호 침투성 그리고 그 안에서 사물의 취산성 등을 거론할 수 있다면 최한기의 기 개념은, 음양 오행을 본성으로 하는 전통적인 기(氣) 개념과 마찬가지로, 일정한 형태를 가진 고정된 유형의 사물들이 그 속에서 모이고 흩어지는, 시작도 끝도 없는 '기(신기)의 순환적 자기 운동'(circular self-movement of Gi)의 개념을 바탕으로 하고 있는 셈이다.

천문학자들이 겹겹이 싸인 권(圈)을 그려 제시하지만 그것은 다만 대략의 짐작에 불과한 것으로 '활동운화'와 '한열습온'(寒熱濕溫)의 기의 성(性)과 정(情)을 표현하기는 어렵다는 것이다.[20] 그러면서도 그는 하늘[天]은 기의 대체(大體)이고, 기는 하늘의 충만한 형질로 보았으며, 지구·달·태양·별을 천기(天氣)가 응결한 물건으로 보고, 천체의 구조는 겹겹이 싸여 있고, 층층이 운동하여 버티고 있는 형세와 활동하는 틀이라 생각하였다.[21]

---

19) 『氣學』卷1-15 : "然充塞六合, 運化陶鑄之氣, 循環不息, 遠近上下, 牽製照應, 地月日星體圓之物, 常在氣運之中, 豈有常靜不動, 諸曜轉而氣隨之運歟. 氣運化而諸曜隨轉歟? 諸曜與氣化, 各具運轉之性歟? 雖未可分別指的, 自古及今, 無窮運化, 物不能逃焉, 人亦未有異說."

20) 『運化測驗』卷1, 氣不可圖.

이러한 견해는 바로 '기륜설'(機輪說)의 연원으로 해석된다.

기학의 비판은 현대 사회의 과학 기술 문명에도 유효하다. 서양의 기계론적 자연관에 바탕을 두고 형성된 현대 과학 기술 문명은 자연[天]을 생명이 있는 유기체가 아니라 생명이 없는 일종의 기계로서 파악하였다. 그 결과 우리는 우리 삶의 모태인 자연이 파괴되는 심각한 위기에 봉착하게 되었다.

그렇다면 기학의 이러한 비판을 가능하게 하는 기학의 자연관은 과연 무엇일까? 그것은 한마디로 '자연적'인 '생명천관'(生命天觀)이라 할 수 있다. 이것은 유기체적 자연관과 자연천관의 요소를 동시에 지닌 용어로 주자학적 자연관[22]은 물론이고, 서양의 기계론적 자연관과도 구별되는 기학의 독특한 자연관이라 할 수 있다.

그는 말한다.

> 나의 학문은 성경(聖經 : 聖人의 법칙)이 아니라 천경(天經 : 자연 법칙)이다!

---

21) 『氣學』卷1 : "天者, 氣之大體, 氣者, 天之充滿形質……地月日星, 乃天氣凝結之物, 而旣分形質, 則各有其氣, 地氣月氣日氣星氣, 大小輕重, 隨大氣之積厚, 從遲速而載運, 高低生焉. 冷熱燥濕, 各放氣而交射, 大氣受而和瀜, 造化生焉. 重重裹包, 層層輪轉, 撑柱之勢, 活動之機, 統爲天體."

22) 김영식, 『주희의 자연철학』(예림서림, 2005), 191쪽. 야마다 게이지 저, 김석근 역, 『주자의 자연관』(통나무, 1998), 198쪽.

이런 면에서 그의 기학은 천교(天敎)인 것이다. 기학의 학문적 특성에 대해 최한기는 다음과 같이 말한다.

> 기학은 무형(無形)의 신(神)에 견주어 살피면 유형(有形)의 신이며, 또 이것은 무형의 이(理)에 비교하면 곧 유형의 이(理)이다.23)

그는, 기학은 여기서 비판하는 중고 시대 학문[中古之學]의 특징인 무형의 신리(神理)와는 다른 유형의 신리에 대한 학문이라 본다.

> 운화유형(運化有形)의 기(氣)는 천인(天人)이 일치하니 심중(心中)에서 운화하는 기[運化之氣]로 천지의 운화하는 기[天地運化之氣]를 본받아서 선후(先後)를 배포(排布)하고, 간격을 조절하고, 다스려서 심중에서 그 형체를 드러내어 유형의 물(物)에 베푸는 것이 곧 천하의 정학(正學)이다.24)

여기서 그는 기학이 인식의 단계에서 운화유형(運化有形)의

---

23) 『氣學』「序」: "稽之於無形之神, 是乃有形之神, 較之於無形之理, 是乃有形之理."
24) 『氣學』卷1-6 : "運化有形之氣, 天人一致, 以心中運化之氣, 效則天地運化之氣, 先後排布, 問格條理, 形諸胸中, 敷施於有形之物, 爲天下之正學."

기를 얻어 천인일치(天人一致)를 이루고, 나아가 실현의 단계에서 이것을 널리 펴고자 하는 학문임을 밝히고 있다. 이때 운화유형의 기란 기학의 천(天)에 해당하는 운화지기(運化之氣)가 무형의 형이상자(形而上者)가 아니라 형질을 갖춘 형이하자(形而下者)이면서 이것이 인간에게도 똑같이 품부되어 있음을 말하는 것이다. 여기서 인식과 실현의 비중을 살펴보면 인식은 어디까지나 실현을 위한 인식이므로 이것은 '실현을 지향하는 구조'라고도 할 수 있다.

신(神)이란 운화지기의 활동운화에 있어 주로 '운(運)·화(化)'와 연관되는데 구체적으로는 '운화의 능함'을 가리킨다. 이때 운화의 능함이란 주선(周旋)하고 변통하는 인식의 기능과 연관되므로, 결국 신이란 운화지기의 정신(software)적인 측면을 언급하는 말이 될 것이다.-신의 역할을 신명(神明)이라고 한다-운화지기는 또 유형의 형이하자로 파악되는 바, 이를 일컬어 운화하는 유형의 기[運化有形之氣]라고 한다. 운화지기, 즉 천이 형질을 갖는 유형의 존재라는 것은 기학에서 매우 중요한 의의를 갖기 때문에 이 점이 특별히 강조된다.[25]

이상에서 볼 때 기학의 천[天氣]은 서양의 자연 과학에서 말하는 대기(atmosphere)와 동일한 대상을 가리킨다. 기학의 물리(物理)는 각각의 개물(個物)이 갖고 있는 객관적인 조리(條理)

---

[25] 최한기가 기학의 천(天)을 유형천(有形天)으로 보는 입장은 "大氣有形質爲千古之大闡明"(『明南樓隨錄』, 20쪽)이나 "然其實運化之氣形質最大"(『氣學』卷1-6)에 잘 드러나 있다.

이면서 동시에 개물의 생명 원리로서 천리(天理)와 연결된다. 이에 비해 서양 자연 과학의 물리는 개물의 객관적인 조리라고 하는 면에서는 기학의 물리와 동일하다. 그러나 이것은 생명체의 생명 원리는 아니다. 그렇지만 이들에 대한 인식 방법이 다른 것 같지는 않다. 둘 다 객관적인 방법인 견문추측(見聞推測)과 증험-실험, 관찰, 측량, 계산, 검증 등의 의미를 내포함-으로써 인식될 수 있다고 하겠다.

    기학의 물리는 앞에서도 언급했듯이 운화지기의 조리인 천리가 개물에 품부된 것이다. 따라서 개물의 물리에 있어 다른 것은 개물이 지닌 기질(氣質)이고, 같은 것은 똑같이 품부된 천의 생명 원리인 천리라 하겠다. 따라서 물리가 개물의 속성이라는 측면에서 본다면 객관적인 원리이지만, 이것이 천리와 소통되고 있다는 측면에서 본다면 내가 품부하여 지니고 있는 천리와 다른 것이 아니므로 주객 미분(主客未分)의 원리가 될 것이다. 이것은 유기체적 물아일체(物我一體)의 경지인 것이다.

    결국 기학의 물리는 객관적이면서 동시에 주객 미분의 원리라 할 수 있고, 바로 이 점에서 객관적인 원리일 뿐인 서양 자연 과학의 물리와 구별된다. 이것은 객관적이기 때문에 과학적인 방법으로 인식될 수 있다. 그런데 이 개물의 생명 원리인 물리에 대한 객관적인 지식이 하나하나 쌓여 나가다 보면 언젠가는 그 지식이 바로 나 자신의 생명 원리를 해명하는 것이라는 자각과 함께 이 세상의 모든 존재는 결국 주객이 따로 분리될 수 없는 일체(一體)이자 거대한 하나의 생명체임을 깨닫게 된다. 이것을 일컬어 '완형(完形)의 인(認)'[體認]이라고 한다. 그리고 이 단계에서 인식이 완성되어 천인일치(天人一致)에 이르게 된다. 여기서 기학의 천은 모든 생명체[天地萬物]의 생성자이자 본원으로 상정된다.

　기학의 천은 우리의 감각 기관으로 경험할 수도 추측할 수도 있는 구체적인 자연이되, 아무런 생명력이 없는 단순한 물질로서 자연이 아닌 '생명체'이다. 다시 말하면 기학의 천은 구체적인 형질을 가진[形而下] '자연적인 생명천(生命天)'인 것이다. 이처럼 기학에서는 유형의 천이 생명체로 인식되기 때문에 이 천으로부터 생성된 모든 개물 역시 생명체로 간주된다. 기학에서는 기의 본성이 활동운화이기 때문에 모든 기는 이미 생명천(生命天)을 지니고 있는 것이다. 따라서 천으로부터 생성된 모든 개물은 그것이 비록 토석(土石)이라 할지라도 생명체일 수밖에 없다.26)

　이제 이러한 고찰을 바탕으로 기학에서의 천(天)의 의미를 생각해 보자. 기학에서 천은 인간을 비롯한 모든 생명체에 생명력 ―생기(生氣)와 생의(生意)―을 부여하는 생명체―생명 에너지― 의 원본 내지 본원이다. 따라서 천의 내재적인 속성인 천리(天理)

---

26) 『運化測驗』卷1-1, 氣之層包 : "地月日星俱是氣化中生物." 『運化測驗』卷1-4, 運化氣形質氣. "地體乃生物也." 이외에도 『推測錄』卷4-28, 本體無物. "一團生氣" 및 『神氣通』卷2-31, 臭有利害. "生氣" 그리고 『推測錄』卷1-76, 所知無幾. "生氣活動, …… 地體之蒸氣, 必是生物," 『人政』卷10-15, 古人形氣血氣. "撑柱接湊之眞液生道," 『人政』卷11-67, 性命. "命者, 生之源, 性者, 生之質也, …… 運化之生生者." 등도 천(天)을 비롯한 일체 존재가 생명체임을 잘 말해 주고 있다.

내지 유행지리(流行之理)는 천이라는 생명체의 생명 원리이자 모든 생명체의 총체적인 생명 원리로 이해된다. 여기서 총체적인 생명 원리란 인간의 관점에서 보면 인간의 육체적인 삶뿐만 아니라 정신적이고 물질적인 삶까지를 포괄하는 정신-물질 통일성 원리이다. 그러므로 이것을 바꾸어 생각해 보면 인간이 천에 승순(承順)하면서 육체적으로나 정신적으로 가장 건강하고 이상적인 생명 활동을 영위할 수 있는 방안을 찾을 수 있게 된다. 즉 유행지리와 부합되는 추측지리를 활용함으로써 육체적인 생명 활동을 뒷받침해 줄 각종 도구를 비롯한 물질 문명을 이룰 뿐만 아니라 정신적인 선을 확보하게 된다는 말이다. 결국 인간을 포함한 일체 존재는 모두 하늘[天]에 의해 생성되고, 하늘로부터 생명이 부여되었기 때문에, 천을 어기거나 천을 떠나서는 생명 활동을 제대로 영위할 수 없다고 말할 수 있다.

서양 자연 과학의 방법론에 의거하여 물리를 추측하여 얻어진 지식[推測之理] 역시 기학의 관점에서 보면 잘못된 편견인 기질의 편벽됨을 제거할 수 있을 만큼 완전한 것이 못 된다. 그 추측지리가 매우 정확하고 객관적인 것일지는 몰라도 인간과 만물이 천(天)-대기(大氣)=자연(自然)-과 연결되어 있는 존재이며, 그 본성이 활동운화하는 유기체적 생명체(the web of life)임을 인정하지 않기에 그 객관적인 지식을 아무리 많이 얻더라도 천과 연결된 인간의 활동운화하는 본성은 자각되지 않는다.

그리고 그 지식을 활용하여 제작된 도구-문명의 이기-가 인간의 본성을 발현시키기는커녕 결과적으로 몸을 해롭게 하는 까닭 역시 천이 활동운화하는 생명체이고, 이것이 몸과 밀접하게 연관된 것으로서 몸의 부모임을 자각하지 못한 소치라고 하겠다.

천(天)과 인간을 구분하되 천을 기계로 파악하고, 이 기계의 원리를 활용하여 도구를 제작함으로써 몸의 욕구로 충족시켜 주려 했지만 몸의 부모인 천이 파괴됨으로써 결국 인간의 몸이 악영향을 받는 단계까지 오고 만 것이다.27) 여기서 서양 자연 과학의 추측지리는 천(天 : 자연계)과 인간을 분리해 두고, 천의 개물(個物)의 물리를 탐구한 것이다. 그러므로 이것이 몸의 욕구를 제대로 제약할 수 없었고, 이에 욕구의 무제한적인 충족을 긍정함으로써 결국 몸의 활동운화하는 본성의 발현을 방해하는 결과를 초래하게 되었다고 하겠다.

기학의 기질 변화의 관점에서 본다면, 인식 단계에서 얻어진 추측지리가 천의 유행지리와 부합되어 내 몸의 활동운화가 드러나는 것이 진리인 것이고, 그래야 실현 단계에서 참된 이로움과 선이 확보된다고 할 수 있다. 그러므로 이 추측지리를 활용하여 만들어진 각종 도구는 인간의 삶을 이롭고 선하게 하고, 나아가 다른 이들도 이 추측지리를 제대로 탐구할 수 있도록 도움을 줄 것이다. 그러고 보면 기학은 인간과 천의 활동운화하는 본성을

---

27) 기학에서 '천의 파괴'에 대해 직접 언급한 구절은 없다. 당시로서는 오늘날과 같은 대기와 환경오염을 비롯한 생태계의 파괴를 예측할 수 없었기에 기학에서도 '천리의 불변성'만을 이야기한다. 그러나 천이 활동운화하는 생명체로 상정되는 이상 이러한 자연 파괴 현상을 그대로 천의 파괴로 볼 수 있는 해석의 소지를 기학에서 이미 열어 두고 있다고 하겠다.

좀먹는 어떠한 문명과 도덕도 반인류적이고, 반생명적이며, 비도덕적이라는 사실을 알려 주고 있다고 하겠다.

여기에 대해 최한기가 "인신형체(人身形體), 시일기계야(是一器械也)"라고 한 것을 들어, 혹자는 그가 인간을 기계론적으로 파악하였다는 낭설을 함부로 이야기하나,28) 이것 또한 오치(誤置)된 동시성의 오류(the fallacy of misplaced correspondence)의 한 예에 불과한 것이다. 그가 말하는 기계(器械)는 현대어의 기계(器械 : machine)가 아니다. 이것은 무생명적인 파트(part)의 조합으로써 작동하는 기계를 의미하는 것이 아니라, 어디까지나 반드시 변화하는 세상 만물에 대해 신기(神氣)를 주체로 하는 유기체적 통합체(organic totality)를 의미하는 것이다. '통신기지기계'(通神氣之器械)라고 한 것은 '끊임없이 신기를 통하는 유기체적 관계에 있는 형체'라는 뜻이다.29)

현대 과학계의 큰 쟁점 중의 하나는 정신(마음)과 물질 관계를 설득력 있게 규명하는 것이다. 이 분야에서 주도적인 역할을 해 온 김재권 교수는 그것을 수반(隨伴 : 마음이 몸에 따르는) 관계30)로 규정하는 일종의 물리적 환원론을 주장하였다. 그러나 최한기는 수반 관계의 유기체적 관계망(web) 속에서 생기는 창발론(創發論 : 물질의 집합적 관계 속에서 없던 성질이 저절로

---

28) 석정철, 『조선철학사연구』(도서출판 광주, 1988), 301쪽.
29) 『神氣通』 「序」 : "天民形體, 乃備諸用, 通神氣之器械也."
30) 김재권, 『물리계 안에서의 마음』(철학과 현실사, 1999), 93~101쪽.

생겨난다는 현상에 대한 이론)에 가깝다. 최한기가 말하는 이 운동은 신기=엔트로피에 의한 스스로 조직화하는 과정적 우주(self-organizing universe)인 것이다.

신기와 정보

첫째, 기학은 서양 자연 과학적 지식을 비판적으로 수용하고 있다. 기학의 물리(物理)는 물물각수지천리(物物各殊之天理)로서 개물의 속성과 함께 천리(天理)와의 소통성이라는 두 가지 성격을 동시에 지니고 있다. 그러므로 이것은 개물의 객관적인 조리(條理)이자 개물의 생명 원리로 천리와 연결된다. 이에 비해 서양 자연 과학의 물리는 개물의 객관적인 조리일 뿐 천리와 연결되는 생명체의 생명 원리는 아니다. 그러나 둘 다 개물의 객관적인 조리라는 측면에서 객관적인 인식 방법인 견문추측에 의해 인식될 수 있다.

기학의 물리는 객관적이면서 동시에 주객 미분의 원리이므로 물리 하나하나를 객관적으로 인식해 나가다 보면 그것이 결국 나 자신의 생명 원리를 해명하는 것임을 자각하게 된다. 그리고 이 세상의 모든 존재는 결국 주객이 따로 분리될 수 없는 일체이자 거대한 하나의 생명체임을 깨닫게 된다—기(器)와 기(氣)의 관계도 이런 방식으로 이해할 수 있다—이것이 인식의 완성 단계인 체인(體認)의 단계이며 여기서 천인이 소통되어 일치하게 된다. 이러한 기학의 견해를 뒷받침하는 주요한 근거가 있다면 그것은 '자연적인 생명천관(生命天觀)'일 것이다. 기학에서 천(天)은 모든 생명체에 생명을 부여하는 생명체의 원본 내지 본원으로 이해된다. 따라서 천의 조리인 천리란 모든 생명체의 총체적인 생명 원리라 할 수 있다. 여기서 기학은 서양 자연 과학의 인식 방법론을 선별적으로 수용했지만 서양 자연 과학과는 그 입각처가 다름을 알 수 있다. 이것은 기학이 서양 자연 과학을 비판적 내지 주체적으로 수용하고 있는 근거로 볼 수 있다.

둘째, 기학은 생태학적인 성격을 지닌다. 기학에서는 천(天)을 비롯한 인간과 만물이 모두 활동운화 하는 본성을 지닌 생명체이며 천과 연결되어 있다고 본다. 그리고 이 천을 자연적인 생명천으로 본다. 여기서 인간과 만물을 생성하는 부모인 천이 오염되거나 파괴되어서는 안 된다(결국 인간을 해치게 될 것이기 때문이다)는 견해가 기학에서 간접적으로 피력됨을 알 수 있다. 이런 관점에서 주자학과 서양 자연 과학에 근거한 서양 기술 문명은 비판을 받는다. 이러한 기학의 견해는 생태학적 사유와 궤를 같이하는 것이라 할 수 있다.

인류 역사의 미래는 불확실하다. 단지 역사의 현재는 방금운화(方今運化)인데, 눈앞에 보이는 운화는 '유형=물질'의 변화이다. 이 물질이 제자리에 있는지 또는 제자리로 흘러가는지 항상 우리는 인간 중심적 사고(anthropocentric)에서 탈피하여 인간 존중 못지않게 세상 '만물=자연'을 존중하여야 한다. 물질을 존중하지 않으면 인간에게 재앙이 되어 되돌아와 인간의 생존이 어려울 수도 있다. 그러므로 우리는 변화의 방향-신기, 엔트로피-을 제어할 수 있는 시스템(ecocentrism)을 구축해야 한다. '엔트로피(신기)'는 정보이다.[31] 이것은 역사 과정에서 인간의 지속적인 성장[영세화(永世化 : sustainable development)]을 위한 존재 조건이고 창발력이다. 이와 같은 영세화-자연의 윤리를 밝히는-는 바로 신명행사(神明行事)이다. 그러므로 자연에 대한 윤리교육(STS)의 패러다임(사고틀)을 바꾸지 않으면 안 된다.

셋째, 기학은 종합 학문으로서의 성격을 지닌다. 특히 일통(一統)을 지향하는 학문으로서의 성격을 강하게 지니고 있다. 그래서 실현의 궁극 목표를 일통의 대동 사회(大同社會)에 둔다. 그리고 이러한 일통의 실현을 위해 인식 단계에서의 깨달음을 바탕으로 매사를 판별하는 보편타당한 기준을 정립하게 된다.

일통(一統)이란 특수성이 전혀 무시되지는 않으나 보편타당성의 실현이다. 이러한 일통 지향성 때문에 기학은 종합 학문으로서의 성격이 강하다. 우선 기학의 인식과 실현의 구조로 볼 때, 인식의 영역은 오늘날의 순수 자연 과학에 가깝다고 하겠다. 그리고 실현의 영역은 응용 과학과 인문·사회 과학의 성격을 동시에 지닌다고 할 수 있다. 그러므로 이 세 학문이 상호 유기적으로 결합된 것이 바로 기학인 것이다.

그러나 최한기의 기학은 자연계를 넘어 인간세(人間世)에까지 연속되는 '자연의 제일성'(uniformity of nature, Gleichformigkeit des Naturlaufs)이었다. 그에게 있어 인간은 어차피 자연의 일부였던 것이며 자연의 법칙에 복속되는 존재라고 보았던 것이다. 여기서 최한기는 천도와 인도를 궁극적으로 분리시키지 않는다.

---

31) 한스 크리스천 폰 베이어, 전대호 역, 『과학의 새로운 언어, 정보』(승산, 2007), 142쪽.

천도(天道)가 곧 인도(人道)요, 인도가 곧 천도다.32) 보다 정확히 말하면 인도를 천도의 일부로 보는 것이다. 따라서 인도가 곧 천도이기 때문에 천도는 인도에서 완전히 객화(客化)될 수 없는 것이다. 그러나 천(天)·인(人) 관계에서 발생되는 모든 오류는 천도에 있는 것이 아니요, 그것은 인도에 있는 것이라는 사실이 명료히 지적되어야 한다는 것이다.33) 바로 이러한 제일성을 표현한 말이 '일통'이다.『인정』(人政)의 벽두에서도 최한기는 '일통지정'(一統之政)을 말하였고, '천인대정지합'(天人大政之合)을 말하였다.

그리고『기학』에서도 그는 다음과 같이 말한다.

> 기학의 공효(功效)는 천지와 인물이 하나로 통일되어 운화하는 데 있다.34)

그가 말하는 일통은 분명 천기(天氣)와 인기(人氣)가 하나의 연속적·제일적 운화의 법칙에 복속되는 것이다. 그리고 이러한 천(天)·인(人)의 관계는 통민운화(統民運化)에서 완성되는 것이다. 천지운화도 결국 인간이 파악한 법칙의 운화라고 한다면, 그것도 통민운화라고 하는 사회적 책임을 회피할 길은 없는 것이

---

32) 기화(氣化)로써 만물을 제재하고 조절함은 천도(天道)이고, 교화(敎化)로써 만민을 인도하고 통솔함은 인도(人道)이다.
33)『氣學』卷1-14 : "當不合而合, 當有違而無違者, 乃人事之誤錯, 非天道之誤錯也."
34)『氣學』卷2-88 : "氣學功效, 在於天地人物, 一統運化."

다.

　우리가 흔히 최한기의 기학 사상을 '천인운화'(天人運化)로 요약하는데, 그 천인운화는 보통 일신운화(一身運化), 통민운화(統民運化), 천지운화(天地運化) 세 가지로 나누어 논의한다. 일신운화는 인문 과학(humanities) 분야, 통민운화는 사회 과학(social science) 분야, 천지운화는 자연 과학(natural science) 분야에 해당된다고 본다면, 그의 기학이란 이 인문 과학·사회 과학·자연 과학을 일통하는 통일장론이라고도 말할 수 있는 것이다.35)
　그런데 이 세 가지의 운화는 확충과 승순(承順)의 연속적 관계에 있는 것으로만 보기에는 어려운 측면이 있다.

자연 과학 일반론

　최한기는 자연 과학에 대한 이해를 서양 선교사의 서적을 통해 이해하였다. 그의 철학을 꿰고 있는 중심 테제(these)는 이것이다.

> 인간은 기(氣)의 여러 계기와 환경 속에서 문제를 만나며, 그 해결과 변통(變通)을 모색하는 존재이다. 이에 도움이 되는 자원은 무엇이든 동원하고 그렇지 않으면 버린다. 그러므로 모든 준거는 '지금'에 있지 '과거'에 있지 아니하다.

---

35) 朴熙秉, 『운화와 근대』(서울 : 돌베개, 2003), 27~30쪽.

여기가 인문 과학과 사회 과학, 자연 과학이 만나는 접점이다. 그는 실제 기를 축으로 이들을 통섭(統攝)하는, 하나의 철학적 건축물을 세워 후대의 화두(話頭)로 남겼다. 여기서는 주로 『운화측험』(運化測驗)을 중심으로 살펴보기로 하겠다.

이 『운화측험』은 그 골격이 알폰세 바그노니(Alponse Vagnoni)의 『공제격치』(空際格致)에 연원을 두고 있다.36) 최한기는 54항목으로 되어 있는 『운화측험』에서 『공제격치』의 총 62항목 중 26항목을 그대로 인용하고 있다. 그 인용 부분은 유성(流星)·운성(隕星)을 비롯하여 지진·지내화(地內火)에 이르기까지 주로 자연 현상에 대한 것을 옮겨 적고 있다. 여기서 두 책은 그 체제에서 매우 유사한 형태를 취하고 있다. 그런데 그 내용에 있어서는 차이점을 보이는데, 『공제격치』는 아리스토텔레스의 4원소설을 언급하면서 원소[行]의 의미를 주로 언급한 반면, 『운화측험』은 기와 기의 속성인 '순환과 변화[運化]'에 대해 서술하고 있다는 점이다.

이 점이 바로 그가 서양의 자연 현상에 대한 과학적 지식을 전적으로 수용하면서도 4원소설 자체는 비판적으로 수용하고 있다는 사실을 말해 준다. 즉 4원소설이 동양의 오행설 뒤에 나와 기를 밝힌 공은 있으나 일기(一氣)의 '순환과 변화'에까지는 미치지 못하였다고 하였다.

최한기는 서양의 4원소설이 태양화제(太陽火際)로써 최대의

---

36) 이 『공제격치』(空際格致)는 이미 안정복(安鼎福, 1712~1791)도 언급하고 있는 것으로 보아 최한기 이전에도 읽혀졌을 가능성이 있다.

넓은 바퀴[輪]로 삼고 그 다음은 기의 바퀴[氣輪]로 설정하고, 또 그 다음은 수(水)·토(土)가 지구를 이루어 경계의 구역을 나누었다고 하였다. 이것을 4원소의 순(純)이라 하는데, 열(熱)은 화(火)에, 습(濕)은 수(水)에, 건(乾)은 토(土)에, 냉(冷)은 기(氣)에 속하여, 서로 화(和)하게 되면 4원소의 잡(雜)이라 설명하지만, 이것은 끼워 맞추기 식으로 분배한 것일 뿐이라 하여 기의 세 구역설[三域說]을 부정하였다.37)

그는 중국의 오행설의 해(害)는 지금까지 고치기 어려운 병이었고, 서양의 4원소설도 비록 기의 단서는 열었으나 오히려 미진한 바가 있다고 하였다. 그래서 이러한 4원소설에 대신하여 그 대안으로 일기론을 제창하였다. 그에 의하면 기(氣)의 물(物)됨은 우주 안에 모이기도 하고 흩어지기도 하여, 물(物)에 붙으면 물기(物氣)가, 수(水)에 붙으면 수기(水氣)가, 토(土)에 붙으면 토기(土氣)가, 화(火)에 붙으면 화기(火氣)가 되며, 물(物)에 붙지 않으면 그것이 곧 순환하고 변화하는 '운화기'(運化氣)라는 것이다. 따라서 기(氣)로써 수(水)·토(土)·화(火)에 경계의 구역을 나눌 수 없다고 보았다. 그리하여 그 근본을 말하면 일기(一氣)이고, 분수(分殊)를 말하면 만유(萬有)라고 하였다.

이에 서양에서 지구의 자전과 기(氣)의 모습을 터득하기 위해 기를 세 구역으로 나누어 파악한 것과는 달리, 그는 기의 성(性)으로 활(活 : 생명성)·동(動 : 운동성)·운(運 : 순환성)·화(化 : 변화성)를 제창하고, 기(氣)의 정(情)으로 한(寒 : cold)·열(熱 :

---

37) 『運化測驗』卷2, 「五行四行」.

hot)·건(乾 : dry)·습(濕 : wet)을 제시하여, 그 나름의 일기론(一氣論)을 형성하여 자연 과학에 대한 이해를 새롭게 시도하였다.38)

한편 최한기는『운화측험』에서도 냉열기(冷熱器), 조습기(燥濕器), 옥충차(玉衡車), 화륜기(火輪機)를 그의 기학에 근거하여 설명하고 있다. 물론 이러한 기계들은『영일의상지』(靈壹儀像志), 『태서수법』(泰西水法),『해국도지』에서 인용한 것으로 그의 과학 지식은 결국 중국에 들어온 서양 선교사들의 지식이나 중국의 과학 기술 서적을 통해 형성되었다.39) 예컨대 최한기는 바닷물의 짠맛을 제거하여 담수로 변화시키는 문제에 대해『공제격치』의 내용을 그대로 이해하고 있고,40) 이러한 지식은 실제 1871년 신미양요 때 강화도에 침입한 미군의 정황을 파악하는 데 도움을 주기도 하였다.

그렇다면『운화측험』에서 서양의 기(氣)에 대한 인식이 최한기에게 어떻게 변형되어 받아들여지고 있는가를 살펴보자. 먼저 그는 '공제'(空際)의 개념을 '상제'(上際)로 바꾸어 쓰고,41) 간접적

---

38)『運化測驗』卷2,「五行四行」.
39)『運化測驗』卷1,「用器驗試」.
40)『運化測驗』卷2,「水之臭味」;『空際格致』下「江河」, 34쪽.
41)『運化測驗』卷2,「雲窟」. 최한기가 '공제'(空際)를 '상제'(上際)로 고쳐 쓴 곳은『운화측험』(運化測驗)에 모두 7곳에 산견(散見)된다. 그 천지(天地)의 사이에는 '공제'(空際)가 없고 기(氣)와 수이물(水二物)이 운동하여 사이가 없다고 하였다(『推測錄』卷2,「推氣測理」,「氣水無間」). 이 밖에도『공제격치』의 공동(空洞)과 공굴(空窟)을 광굴(曠窟)로 바꾸어 표현하기도 하였다(『空際格致』卷下「地震」, 38쪽 ;『運化測驗』卷2,「地震」)

으로 '적기'(積氣)로 표현하거나,42) 심지어 '성정'(性情)이라는 표현도 '기미'(氣味)로 바꾸기도 하였다.43) 이와 같이 그는 『공제격치』의 내용을 비판적으로 받아들이면서도 이것을 독자적인 기의 인식으로 선회하였다. 여기서 그는 『공제격치』의 모든 자연 현상에 대한 설명을 '운화'의 범위에 넣어 설명하고 있다. 그의 자연 과학에 대한 이해는 『공제격치』의 내용을 적극 수용하면서 4원소설의 기(氣)·수(水)·토(土)·화(火) 중에서 기에 대한 이해를 확대 해석하여 이루어진 것으로 파악해야 할 것이다. 요컨대, 최한기의 자연 과학 일반에 대한 이해는 기에 대한 일관된 인식으로 설명될 수 있다. 즉 기는 '활동운화'의 성(性)과 '한열건습'(寒熱乾濕)의 정(情)으로 풀무질하여 만물을 생성한다. 그래서 천기(天氣)의 '한열건습'에 대해 비록 그 자세한 내용은 터득하지 못하겠으나, 태양의 열이 비치어 불이 일어나고, 달의 습(濕)으로 인하여 수기(水氣)를 움직이니, 차고 더운 기의 정에 의해 모든 것이 생성되는 것이라고 이해하였다.44) 따라서 그의 자연 과학에 대한 인식은 기를 떼어 놓고 설명할 수 없으며, 모든 자연 현상이 기의 성정인 '활동운화'와 '한열건습'에 의해 이루어지고 있다고 보았던 것이다. 이는 명백히 서양의 과학 기술 부문뿐만 아니라

---

42) 『運化測驗』卷2, 「虹霓」.
43) 『空際格致』卷下, 「溫泉」: "諸泉性情, 有甚奇者, 各方不一, 有舊泉渴, 新泉生者……有晨溫午寒日旴熱夜半沸者……"는 『運化測驗』卷2, 「水之臭味」에 "宇內各方, 諸泉氣味不一, 有晨溫午寒, 日旴熱夜半沸者."로 표현되어 있다.
44) 『運化測驗』卷1, 「氣之性情」.

자연 과학의 원리를 일부 수용한 것으로, 그에 이르러 비로소 서학(西學)의 전반적인 수용과 이해가 이루어지고 있다고 평가할 수 있다.

최한기가 자연 과학 일반에 대해 이해한 내용은 기존의 어떤 실학자 수준보다 높았다. 그가 '격치(格致)의 학문'이라 부르는 것은 과학의 범위에 넣어 파악해야 할 것이며, 그 대표적인 학문으로 천문학 · 수학 · 지리학 · 의학을 들 수 있다. 그런데 그는 이러한 과학의 발달이 어떤 개인의 노력에 의해 이루어진 것이 아니라 총명한 지식인들의 공동 노력에 의한 결과로 이루어진 것임을 매우 강조하였다. 즉 과학자들이 즐겨하는 것은 바로 '기화'(氣化)의 구명(究明)이니 만사 · 만물이 모두 '기화'를 따라 그 맥락을 얻고, 가려져 있던 그 동안의 장애를 제거하고 밝게 드러난 충만한 '형질'을 계발하였다는 것이다. 또한 그는 지금에 이르러 물리의 증험이 자못 많고, 허(虛)를 제거하여 실(實)에 나아가 미래의 효과를 기대할 수 있다고 하였다.45)

최한기는 자연 과학 일반론에 대한 이해에 있어 17세기 중엽부터 토리첼리를 비롯한 서양 과학자들이 밝힌 기체의 부피 · 압력 · 온도 사이의 관계 등을 나름대로 수용하여 설명하였다. 이것은 그가 주장하는 기학의 내용이 종래 성리학자(性理學者)들이 언급한 기에 대한 내용과는 뚜렷한 차이가 있다는 것을 의미한다.

---

45) 『明南樓隨錄』, 32쪽 : "自古雜說之蔽遮, 私意之橫肆, 承天人氣化欲明未明之運, 渾濁世敎, 以致樂天之說, 浮沈於風波之中, 到今物理證驗頗多, 祛虛就實, 彼消此長, 可期來世之效."

최한기의 기학은 세계를 전체 속에서 역동하고 있는 한정적 계기들의 활성적 상호 작용의 과정으로 읽는 전통적 사고를 축으로 하고 있다. 그렇지 않았다면 그의 기학은 인문 과학과 사회 과학 그리고 자연 과학을 통합하는 독특한 전망을 구축할 수 없었을 것이다. 최한기를 단순히 서양의 인식론과 과학적 성과를 수입하고 유통시킨 인물로만 평가해서는 안 되는 까닭이 여기에 있다.

제5장
과학교육적 메시지

∴

과학교육과정의 에너지와 물질

볼츠만의 과학교육적 메시지

최한기의 과학교육적 메시지

과학교육적 메시지

과학교육과정의 에너지와 물질

이 책에서는 볼츠만의 에너지 개념과 최한기의 기 개념이 우리들에게 주는 과학교육적 메시지를 얻기 위하여 제6차, 제7차 초등과학과 교육과정 중 에너지와 물질 분야의 주요 내용, 영역별 지식 체계, 주제별 지도 내용과 방법 등을 검토해 보았다. 에너지 분야는 힘과 운동, 전기, 파동, 에너지 등 4개 영역으로, 물질 분야는 물질의 성질, 물질의 구조, 물질의 변화, 에너지 등 4개 영역으로 구분하여 각 학년에 따라 연계적으로 구성되어 있다.

제6차, 제7차, 2007년 개정 초등과학과 교육과정 중 에너지와 물질 분야를 검토해 보면, 제6차 내용의 일부가 제7차로 그리고 2007년 개정 교육과정에서는 학년 이동을 한 것, 기존 학년의 일부 내용을 포함하여 강화한 것, 여러 학년으로 내용을 분산한 것, 일부 내용을 축소한 것, 내용을 분리하여 구성한 것, 내용을 구체화하거나 제한적으로 구성한 것, 사회 환경 등 학년성을 고려하여 내용을 신설한 것 등으로 나타나 있다.

그리고 과학과 교육과정에 제시된 에너지 분야와 물질 분야의 주제별 학습 지도를 위한 교육과정상의 목표와 학습 지도 내용과 방법을 교육과정 해설서를 중심으로 면밀히 분석해 보면, 앞으로 우리가 과학교육을 제대로 하려면 통섭(統攝 : 融合)의 사고로 창발적(emergence)교육 프로그램을 개발하여 신나는 과학교육을 해야겠다는 필요성을 역설하고 싶다.

볼츠만의 과학교육적 메시지

볼츠만이 주는 과학교육적 메시지는 네 가지 측면으로 본다.
첫째, 원자의 존재 측면이다.

과학 법칙이란 직접 관찰된 현상들 사이의 관계를 밝히는 것으로 더 깊은 수준의 이해를 위해서는 겉으로 드러나는 현상에 그치지 말고 더 깊은 곳을 파헤쳐야 한다는 사실을 깨달았던 과학자도 있다. 볼츠만은 그런 선구자 중의 한 사람이다. 볼츠만은 모든 기체는 '원자'라는 작은 입자들로 구성되어 있고, 그 입자들은 끊임없이 돌아다니며 서로 충돌한다고 주장하였다. 원자가 존재한다는 볼츠만의 생각은 기체 운동론에서 얻어지는 흔치 않은 확신에서 비롯되었다. 원자가 존재하고 그 원자들이 보통의 역학 법칙을 따른다고 가정하면 모든 것이 자연스럽게 얻어진다. 그는 그것으로 충분했고, 실제로 모든 과학자가 합리적으로 요구할 수 있는 것도 그것이 전부이다.

그의 새로운 관점에서 보면 몇 개의 원자가 더 빨리 움직이게 되면, 같은 수의 원자들은 더 느리게 움직이게 되어 원자 하나하나의 속도는 끊임없이 변화하더라도 전체적인 분포는 변화하지 않고 평형을 이룰 수 있다. 과학자는 볼 수 있거나, 아니면 검출할 수 있는 것에서 시작해야 하지만, 가설을 구성할 때는 직접적인 인지 수준을 넘어 직접 보거나 검출할 수 없는 존재를 추정할 수도 있다는 것이다. 원자가 바로 그런 예가 된다.[1]

둘째, 역학적 에너지 보존 측면이다.

우리는 흔히 '에너지'라는 말을 은연중에 '운동, 활력, 힘'이라는 의미로 사용하고 있다. 오늘날에는 일반적으로 에너지와 물질은 우주의 양면이라고도 한다. 왜냐하면 물질은 모양이 있는 실체이고, 그 실체를 움직이는 것이 에너지이며, 이 양자(兩者)가 합쳐서 우주를 형성하고 있다는 뜻이기 때문이다.

볼츠만은 원자들의 수는 엄청나게 많고, 그 움직임 또한 너무나 다양하기 때문에 그가 원자들의 집단적인 움직임을 설명하기 위해서는 통계와 확률의 방법을 이용해야만 했다. 그는 통계와 확률의 방법을 이용하여 근본적으로 무질서하게 움직이는 원자들이 집단적으로 나타내는 효과를 정확하게 예측할 수 있었다.

---

1) 데이비드 린들리, 이덕환 역, 『볼츠만의 원자』(승산, 2003), 226쪽.

그리고 원자들 하나하나는 무질서하게 움직이더라도 집단적으로는 질서 있는 거동을 나타낼 수 있다는 사실을 밝혀 내었다. 결국 그는 확률을 이용하여 믿을 수 있는 물리 법칙을 구축할 수 있다는 사실을 증명하였다. 그의 과학적 주장은 근본적으로 실용주의적이었지만 합리주의적인 성향을 가지고 있었다. 그리고 그는 자신의 경험주의적인 주장을 치장해 줄 어느 정도 합리적인 철학의 틀을 갖추고 싶은 욕구를 억제하지 못하였다. 그는 물리학 이론의 본질에 대해 "모든 가설은 역학적으로 잘 정의된 가정으로부터 시작하여 수학적으로 옳은 방법을 통하여 명백한 결과로 이어져야만 한다"라고 하였다. "만약 결과가 충분히 많은 사실과 부합되면 그런 사실들의 진정한 본질이 모든 면에서 분명하게 밝혀지지 않는다 하더라도 만족해야만 한다"라고도 주장하였다.

셋째, 확률적 통계 물리 법칙 측면이다.

과학적 가설이 가치가 있으려면 그것을 만들어내는 과학자가 사물과 현상을 바라볼 때 수학적이고 논리적인 뼈대와 기초 없이도 그것들의 근본적인 성질을 꿰뚫어 볼 수 있는 능력을 가지고 있어야 한다. 이런 면에서 이미 19세기에 원자의 존재에 관한 가설과 관련하여 기체 운동론의 통계 열역학적 설명으로 큰 업적을 이룩한 볼츠만은 뛰어난 능력을 가지고 있었다고 볼 수 있다.

그는 단순히 물리학에서 엄청난 결과를 얻었을 뿐만 아니라 세상에서 새로운 형식의 논법을 탄생시켰다. 그는 통계적인 분석을 통해 맥스웰-볼츠만 식이 옳다는 절대적인 진리를 정립했던 것이다. 그러나 볼츠만 자신을 포함해 당시의 사람들은 그런 논법이 혁명적인 것이라는 사실을 제대로 인식하지 못하고 있었다.

넷째, 인간과 자연이 조화를 이루는 측면이다.

엔트로피 법칙은 우주의 어느 곳에 질서가 더 생기는 것은 다른 곳에 그보다 더 큰 무질서가 생긴다는 것을 절대 진리로 천명한다. 즉 발전에 의해 질서 있는 물질적 환경을 만든다는 것은 동시에 다른 한편에 그보다 더 무질서를 만들어낸다는 것을 의미한다.[2] 결국 자연 세계에서의 인공적 변화란 사용 가능한 에너지를 사용 불가능한 형태로 바꾸면서 주위의 엔트로피를 증가시키는 방향, 즉 값어치가 있는 에너지 생태에서 값어치가 없는 에너지 상태로의 변화 밖에 일어날 수가 없음을 깨우쳐 주는 것이다. 그러므로 전세계가 경쟁적으로 벌이는 경제 성장이란 것도 결국 사용 가능한 자원을 사용 불가능한 쓰레기로 바꾸는 것의 댓가로 이루는 것이다.

21세기를 맞으면서 이제 그동안 발생한 엔트로피의 증가로 인해 화석 연료는 새로운 것으로 대체될 수밖에 없는 운명에 직면하고 있다. 인류 사회가 또 다른 단계의 문명을 지속시키기 원한다면 새로운 에너지 환경에 적응하기 위한 새로운 기술과 사회 제도 등으로 옮겨 가지 않으면 안 될 상황에 놓이게 되었다. 문명이 야기하는 쓰레기(엔트로피)를 처리하는 데에는 자연적인

---

[2] 제레미 리프킨, 김명자 · 김건 역, 『엔트로피』(동아출판사, 1992), 32, 42쪽.

메커니즘을 이용하는 것이 최상의 방법으로 밝혀졌다. 그러므로 인위적인 변화는 자연의 일부로서 조화를 이루어야 한다는 귀결점에 이르게 된다.

저엔트로피 사회를 지향하는 발전의 개념은 동양의 전통적인 사상 가운데 천인합일 사상(天人合一思想)과 부합되는 것으로 보인다. 이러한 사상 속에는 우주는 근본적으로 우주적 생명의 합류점이요, 합생(合生)이다. 거기서는 물질적 상태와 정신적 현상들 사이에 어떠한 괴리도 존재하지 않는다. 물질과 정신은 일종의 삼투 상태로 서로 합일되어 인간의 삶과 우주적 생명을 유지하고 있다. 이러한 사고 체계에서는 인간과 자연이 서로 유기적으로 얽혀 있었다. 그러나 서양의 근대 이후 과학과 동양의 오늘날 과학은 거의 그러한 원초적인 유기성과 통일성을 깨뜨린 상태에서 오로지 인간의 실리적인 관점에 탐닉하여 기술을 발전시킴으로써 결국 자연을 무모하게 착취했다는 비난을 면하기 어렵게 되었다.[3]

현대인의 삶에서 과학과 기술은 결코 버릴 수 없는 상황에 이르렀음을 인정하고, 인간과 자연의 관계에서 다시 옛날로 돌아가 인간과 자연은 조화를 이루며 살아야 한다는 믿음을 복원시켜야 한다.

다섯째, 과학사적 교수·학습안 적용이다.

과학사(科學史)는 과학교육에 암묵적으로 사용될 수도 명시적

---

[3] 제레미 리프킨, 김명자·김건 역, 『엔트로피』(동아출판사, 1992), 331쪽.

으로 사용될 수도 있다. 산체스(Leonardo Sanchez)와 같은 일부 학자들은 과학교육에서 과학사는 교과 과정 설계와 수업 현장에서 암묵적으로 사용되는 것이 바람직하다는 주장을 하지만, 대부분의 학자들은 과학사가 과학교육에 명시적으로 도입되어야 한다고 믿는다.

수업 현장에서 과학사를 명시적으로 도입하기 위해 교사는 먼저 수업의 어떤 부분에 과학사를 도입할 수 있을지 결정해야 한다. 과학 학습 내용 중에는 과학사를 수업에 사용하기 적합한 주제가 있는가 하면 어떤 것은 그렇지 않기 때문이다. 또한 어떤 주제는 수업을 시작하려는 도입 단계에서, 어떤 주제는 수업을 전개하는 단계에서, 어떤 주제는 수업을 정리하는 단계에서 과학사를 사용하는 것이 유익한 경우가 있다.[4] 도입 단계에서 과학사를 사용할 때는 강의 내용에 대한 학생들의 동기와 흥미를 유발시키기 좋은 전기적 일화나 과학적 업적이 출현하게 된 당시의 사회적 배경들을 소개하는 것이 적합할 것이다. 그리고 오개념 교정이나 개념의 심화 학습을 위해서는 전개 부분에서 그 개념에 이르기까지 과학자들의 연구 과정을 추적하게 하는 것이 바람직할 것이다. 이때는 과학적 업적이 출현하기까지의 시행 착오, 그 원인 규명 등 구체적인 연구 과정이 소개되어야 할 것이다. 정리 부분에서는 주로 과학에 대한 인간의 책임이나 과학의 사회적 영향, 과학과 인간의 관계, 바람직한 과학관 등을 정리하기 위해 과학사를 사용할 수 있을 것이다.

---

[4] 정원우 외, 『과학사와 과학철학』(경북대학교 출판부, 2003), 21쪽.

최한기의 과학교육적 메시지

최한기가 주는 과학교육적 메시지는 다섯 가지 측면으로 본다.

첫째, 모든 사물은 기(氣)로 이루어져 있다는 측면이다.

일반적으로 기는 우주 만물을 구성하는 근원이며, 양뿐만 아니라 질의 개념도 포함되어 있는 것으로 대기에 충만하여 있으며, 만물을 연결하는 매개체라고 할 수 있다. 즉 기는 오늘날의 개념을 사용한다면 물질임과 동시에 에너지이거나 에너지를 내재한 물질로 자연적인 세계를 구성하는 물질적인 기본 원소[5]라 할 수 있다.

기와 하늘[天]을 보는 관점에서 기는 유형이다. 그러므로 기는 계산하고, 측정하고, 검증하여 수량화할 수 있으며 활동운화한다. 기는 일종의 생명 에너지이다. 기가 뭉쳐서 형체를 이룬 것을 가리켜 형질이라 부른다. 기와 질이 결합하여 개물(個物)을 이룬다. 개물은 그 지질에 따라 크게 하늘[天], 인간, 만물로 구분할 수 있다. 기는 없는 곳이 없고, 또 사물은 모두 기로 이루어져 있다. 하늘과 땅과 인간과 만물이 생겨나는 것은 모두 기가 변해서 만들어내는 것이다. 천지를 꽉 메우고 물건과 몸을 감싸고 있으며, 모이기도 하고, 흩어지기도 하고, 모이지도 않고, 흩어지지도 않는 것도 모두 기이다.

둘째, 물질은 항상 움직이며 변화한다는 측면이다.

우주 어느 곳에도 무형의 사물은 없다는 것이다. 인간 존재의

---

[5] 야마다 케이지, 김석근 역, 『주자의 자연학』(통나무, 1998), 348쪽.

모든 현상도 유형적 근거 위에서만 설명되어야 한다는 것이다. 형이상자와 형이하자가 모두 형(形)에서 통섭되는 것이다. 그리고 이러한 유형의 기는 끊임없이 활동운화의 법칙 속에 있다.

가장 작은 단위인 물질이 모였다가 흩어졌다 하면서 세상을 구성하는데, 물질이 먼저 있었기 때문에 그에 따라 법칙이 생겨난 것이고 물질로 이루어진 것은 모두 변한다. 사람도 물질이다. 그래서 기는 마치 살아 있는 생물처럼 활동한다. 우리가 생각하거나 감정을 갖는 것도 기가 작용하는 현상이다. 이미 어떤 물체가 되면 기가 아니라 기가 변한 질이라고 한다. 우리가 물질이라고 말할 때 그것은 바로 그 질이다.

셋째, 모든 지식은 경험을 통하여 얻을 수 있다는 측면이다.

천지유형(天地有形)의 신리(神理)로써 천지유형의 사물을 경험해 보면 충분히 이를 증명할 수 있어서 신리는 사물을 형용한 것[神理形事物]이고, 사물은 신리를 형용한 것[事物形神理]임을 서로 밝혀 낼 수 있는 것이다. 천하에 무형의 사물이란 없고, 가슴 속에는 유형의 추측이 있다. 어떤 구체적인 현상이나 사물에 미루어 나아가[推] 원리나 대상을 헤아린다[測]는 추측의 공부 방법, 즉 구체적인 사물에 대한 관찰에서 출발하여 추상 과정을 거쳐 '이'(理)에 다다르는 추측의 방법은 관찰로부터 일반화를 거쳐 과학 법칙을 얻어 내는 서양의 과학 탐구와 매우 비슷하다.

최한기는 추측이 이루어지면 식견이 넓어진다고 보았다. 지식의 양은 원래 정해진 것이 아니라 추측에 달려 있다는 것이다.[6]

---

6) 『推測錄』卷6, 「識量」, 141쪽.

그러므로 최한기의 추측은 지식을 획득하고 확충하는 방법인 셈이다. 그에 의하면 지식의 확충은 추측을 통해서 이루어져야지, 그렇지 않으면 근거가 없고 증험할 수 없는 것이 되고 만다. 그래서 최한기는 "기(氣)가 실리(實理)의 근본이고, 추측이 지식을 확충하는 요체이며, 이 기(氣)에 연유하지 않으면 궁구하는 것이 모두 허망하고 괴탄한 이(理)이고, 추측에 말미암지 않으면 아는 것이 모두 근거가 없고 증험할 수 없는 말일 뿐이다"라고 하였다.7)

아는 것의 첫 단계가 경험이라면 다음은 생각하는 것이다. 생각하는 힘을 키우려면 미루어 헤아릴―추측할―줄 알아야 한다. 경험이 많으면 아는 것도 많아진다. 그러기 위해서는 여행을 많이 다니고, 또 책을 많이 읽어야 한다. 그리고 많이 아는 것보다는 깊이 있게 아는 것이 더 중요하다. 깊이 있게 알려고 노력하면 생각해서 아는 힘이 커진다. 그 힘이 커지면 어렵게 생각되는 원리나 법칙도 쉽게 발견할 수 있게 된다. 경험을 바탕으로 생각을 하여 새로운 사실을 알아 낸다. 추측은 검증을 거쳐야만 하므로 가설을 세우고 실험을 통해 검증을 해야만 새로운 사실로 인정받을 수 있다.

'세상을 과학적이고 합리적으로 이해하자. 어린아이 때부터 어른이 되기까지 내가 알게 된 것과 생각하는 능력은 모두 내 스스로 얻은 것이지 타고나는 것이 아니다.' 그러므로 '경험이 없으면 한갓 마음만 있을 뿐이니 경험이 있어야만 마음이 지식을 갖게 된다. 경험이 적은 사람은 아는 것도 적고 경험이 많은

---

7) 『推測錄』, 3~4쪽.

사람은 아는 것도 많다. 배고프거나 추운 것도 실제로 경험을 해봐야 알 수 있는 것이다. 만약 경험한 것을 가지고 지식으로 삼지 않고, 타고난 마음 같은 데서 지식을 찾고자 한다면 마음만 괴롭히게 된다.'

감각 기관을 통하여 경험으로 아는 것을 형질통(形質通)이라 하고, 사물의 원리나 법칙은 경험한 것에 대하여 깊이 있게 생각해서 발견하거나 이론을 가지고 설명하는 것이다. 이렇게 생각을 통하여 아는 것을 추측통(推測通)이라 한다. 알아가는 과정을 추측이라 하고, 자신이 법칙이나 원리라고 생각하는 것을 검증해 보는 것을 증험이라 한다. 전에 눈으로 본 것을 미루어 보지 못한 것을 헤아리고, 전에 귀로 들은 것을 미루어 듣지 못한 것을 헤아리는 것이며, 코로 냄새를 맡고, 혀로 맛을 보고, 몸으로 감촉하는 것에 있어서도 다 그렇지 않은 것이 없다. 만약 볼 수 없고, 들을 수 없고, 맡을 수 없고, 맛볼 수 없고, 감촉할 수 없는 것을 헤아리려 한다면 미루는 것이 없어 거의 허망하게 된다. 그러므로 잘 헤아린다는 것은 헤아릴 수 없는 것이 없다는 뜻은 아니다.8)

넷째, 바르게 산다는 것은 자연의 이치를 따르는 것이라는 측면이다.

최한기는 과학적으로 밝혀진 사실을 바탕으로 모든 것을 생각하다 보니 귀신이나 미신은 믿지 않았다. 그리고 나라를 중요하게 생각하는 사람은 자신의 개인적인 감정에 연연하지 않았기 때문

---

8) 『推測錄』卷1, 「捨其不可」, 76쪽.

에 "임금이 벼슬을 주어 사람을 쓰는 것의 잘잘못은 백성의 소리를 들어 보면 자연히 숨길 수 없다. 임금 스스로 잘했다고 하더라도 백성이 모두 잘못했다고 하면 그것은 잘못한 것이다. 잘잘못은 백성들에 의해 결정되는 것이지 임금 스스로 결정할 문제가 아니다"라고 하였다. "사람의 성품은 원래 선하다 혹은 악하다고 할 수 없다"라고 하였으며, "문화와 관습이 다르니까 선과 악에 대한 기준도 서로 다른 점을 인정하고 존중해 주어야 한다"라고 하였다.

시대의 변화를 따라야 한다며 대기운화의 탐구가 통민운화의 정립에 활용되어야 한다는 주장은 주목된다. 왜냐하면 자연 과학적이고 객관적인 원리를 바탕으로 정치와 교육이 운용되고 실행되어야 한다고 보기 때문이다. 예컨대 천도(天道)에 대해 제대로 탐구를 하여 지식을 쌓은 '기학'적인 자연 과학자야말로 인도(人道)로서의 정교(政敎)를 제대로 시행할 수 있다는 이야기가 될 것이다. 아울러 일신운화가 통민운화를 염두에 두고 행해져야 한다는 것은 인간의 물질적인 삶은 반드시 정신적인 삶을 겨냥해야 하며, 정신적인 삶과 유리되어서는 안 된다는 것으로 물질의 존재 가치를 충분히 긍정하지만 그것의 지나친 강조를 경계하는 메시지를 담고 있다 하겠다. 즉 물질적인 삶의 토대를 바탕으로 정신적인 삶을 제대로 영위하도록 하자는 의미로 풀이된다.

그는 특히 화(和)를 강조하였는데, 화는 공평하고 순하게 나아가는 기에서 나오고, 불화(不和)는 치우치고, 가려지고, 사사로운 사람의 기에서 나온다고 하였다. 그는 사람이 하늘로부터 부여된 형질의 청탁 강약과 오장육부와 사지의 마디가 기화(氣和)로 말미암아 이루어지니, 끝과 처음을 삼가고 언행을 살피면 어디를 가도 화(和)가 아닌 것이 없다고 하였다. 그리하여 사람이 화하면 가정이 화하고, 가정이 화하면 사물이 또한 화하며, 사물이 화하면 천하가 모두 화로 돌아가 유행(流行)하여 쉬지 않아 만세(萬世)의 영화(永和)에 이르게 된다고 하였다.

자연의 질서를 해치지 않으면서 농사를 짓는 것이 유기농인데, 자연도 살고 사람도 살고 모든 생물이 다 같이 행복하게 살기 위해서는 자연의 순리에 맞추어 있는 그대로의 자연을 회복시켜야 한다. 자연의 이치를 잘 알아 내려면 자연 과학이 필요하고, 인간 사회의 법과 질서를 세우려면 사회 과학이나 인문 과학이 필요하다. 자연 과학은 자연의 법칙을 발견하고 사회 과학과 인문 과학은 인간의 삶의 원리를 밝혀 내는데, 여기서 밝혀 낸 인간 사회의 원리나 질서가 자연의 법칙을 따르도록 만든 학문이 기학(氣學)이다.

볼츠만과 최한기의 학문적 배경을 비롯하여 학문 연구 방법론 및 인식론, 엔트로피와 기 중심의 물질관, 열역학과 기학의 세계관적 함의, 과학교육적 메시지 등을 중심으로 탐색하고 구명(究明)한 내용들을 정리하면 다음과 같다.

첫째, 볼츠만과 최한기의 그 당시 시대 정신을 들 수 있다.

1857년에 독일의 클라우지우스는 엔트로피 개념을 통계 열역학적으로 정식화하였으며, 1887년에 볼츠만은 원자들의 집단적인 움직임을 설명하기 위해 통계와 확률의 방법을 이용하여 집단적으로 나타내는 효과를 밝혀 냈다. 반면, 동시대의 최한기는 1857년에 서양 과학 지식과 전통 사상의 재해석이 맞물려 있는 기학(氣學)을 통해 시스템의 변화(變化)를 주장하였다.

둘째, 학문 방법론 및 인식론에 따른 존재의 대상으로 물질 변화의 방향이 유사함을 들 수 있다.

볼츠만은 '그림으로서의 원자' 개념으로 "원자는 일종의 그림이다"라고 강조하면서 원자 존재를 가정하고, 과학의 진보에 따라 끊임없이 수정되는 원자의 모델 내지는 도식들을 최대한 수용하려고 노력했으며, 통계와 확률의 방법을 이용하여 원자들의 변화 방향을 엔트로피로 나타내었다. 최한기는 지식은 경험을 통해 생기며, 신기(神氣)의 추측을 통하여 새로운 경험에 적용되고, 그것이 증험되었을 때 올바른 것이 된다고 했으며, 기의 속성을 '활동운화'(活動運化)라고 규정하여 변화의 방향을 기로 보았다.

셋째, 학문 방법론에서 존재의 접근 방법을 들 수 있다.

볼츠만은 원자 모형에 대응하는 실재적 사실이 없어도 모델이나 도식은 진리일 수 있다며 우리의 사유 법칙들은 원자 모형들로 얼마든지 과학의 진보와 더불어 진화할 수 있으므로 과학에서 그림(모델, 도식) 사용은 불가피하고, 또 중요하다고 역설하였다. 그래서 가설 연역적, 직관적, 통계적, 확률론적 증명을 주장하였다. 이에 비해 최한기는 감각과 지각의 경험을 통해 형성된 동적(動的)인 인식 과정과 판단의 총체로서 추측을 제시하였다. 그래서 추측이 이루어지면 견식(見識)이 넓어진다며 귀납적, 경험적, 추측과 증험 중심을 주장하였다.

넷째, 에너지와 기의 존재 속성으로 물질 변화와 활동운화를 들 수 있다.

볼츠만은 원자들을 동등하게 배열할 수 있는 방법의 수를 계산함으로써 원자 분포의 확률을 알아 낼 수 있는 방법을 제시했다. 일반적으로 물질계 엔트로피의 자연적 증가는 그 계의 원자 에너지가 가지는 확률적 분포 증가와 관련이 있다고 하였다.

최한기는 기(氣)가 생명이 있고, 운동하고, 순환하고, 변화하는 속성을 신기(神氣)라 하고, 활동운화(活動運化)하는 기를 '신기'라 하였다. 최한기의 기관(氣觀)은 세상 만물이 살아 있는 신기 덩어리인데 이것은 신기의 물질 변화 개념이다.

따라서 우주에서 총량은 일정하다는 '에너지', 만물에 내재하고 있다는 '기', 그리고 우주에 지속적으로 증가하고 물질 변화 방향을 제시하는 '엔트로피', 이들과 춘하추동, 활동운화와 같이 물질 생성 변화 방향성을 나타내는 '신기'는 물질의 변화 방향성 면에서 그 개념이 서로 같다고 볼 수 있다.(도표 1, 2)

다섯째, 정신·물질 동일성 이론과 일기론(一氣論)을 들 수 있다.

볼츠만이 지지한 세계관은 '정신·물질 동일성' 이론인 반면, 최한기는 물(物)의 기는 우주 안에 모이기도 하고 흩어지기도 하는데 그 근본은 일기(一氣)이고, 분수(分殊)를 말하면 만유(萬有)라고 주장하였다.

여섯째, 생태학적 세계관과 대동 사상을 들 수 있다.

우주는 최초의 완벽한 상태(질서)를 갉아먹어 가는 과정이다.

결국 우리 주변의 모든 기계나 유기체들은 유용하고 높은 수준의 에너지를 무용하고 분산된 에너지로 변형시키는 변환자(變換者)들이다.

기학의 자연관(自然觀)은 한마디로 '자연적'인 '생명천관'(生命天觀)이라 할 수 있다. 이것은 기학의 독특한 자연관으로 자연을 생명이 있는 유기체로 보는 것이다. 우리는 인간 중심적 사고에서 탈피하여 인간 존중 못지않게 세상 만물은 자연과 같음을 존중해야 한다. 우리는 변화의 방향—엔트로피, 신기—을 제어하는 시스템을 구축하여 자원을 절약하고 지속 가능한 개발을 하여야 한다. 그러므로 자연에 대한 환경 윤리 교육의 패러다임을 재고해야 할 필요성이 대두된다.

일곱째, 엔트로피와 기 사상으로 과학교육에의 적용을 들 수 있다.
앞으로 과학교육의 자유 탐구에서 다양성을 유발할 수 있는 집단적 사고, 창발적(emergence) 사고, 즉 엔트로피적 사고를 신장시킬 수 있는 프로그램이 개발·적용되어 신나는 과학교육이 필요하다.

이상의 볼츠만과 최한기의 물질관 비교 분석을 통해 '엔트로피의 개념과 기(氣 : 神)의 개념이 일맥상통한다는 입장을 분명히 밝히고 싶다. 그리고 우리는 우리 전통 과학의 우수성을 더욱 부각시키고, 부분으로부터 전체를 관조할 수 있는 물질관을 갖는 태도를 지향해야 할 것이며, 물질에 관한 새로운 패러다임—물내신 사상(物乃神思想)—을 설정하여 물질 제자리 찾기, 자연 보호, 친환경 운동 중심의 교육을 발전적이고 지속적으로 전개해야 할 것이다.

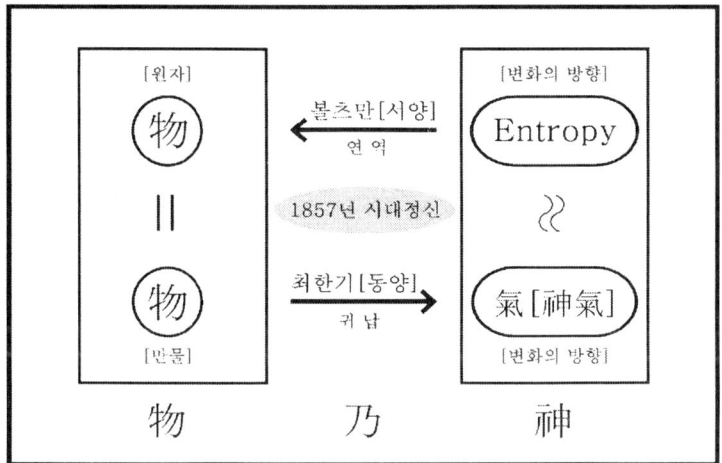

도표1. 변화의 방향

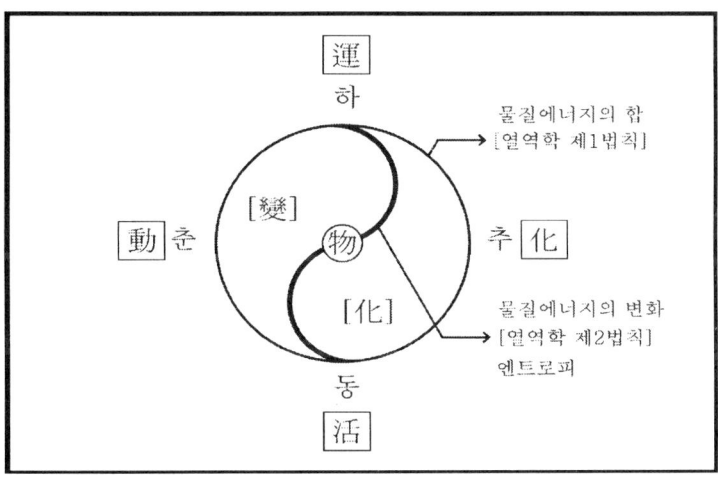

도표2. 활동운화

참고문헌

1. 원전 및 역서류

- 『氣學』, 『明南樓隨錄』, 『身機踐驗』, 『神氣通』, 『運化測驗』, 『人政』, 『周易』, 『中庸』, 『推測錄』
- 李東和, 『物乃神과 宇宙原理』
- 최한기, 김락진 외 역, 『신기통』(여강, 2004).
- 최한기, 손병욱 역, 『기학』(통나무, 2004).
- 최한기, 이우성 편, 『명남루전집』(추사도측군도 인강출판사, 1986).
- 尹絲淳 해제, 『氣測體義』(민족문화추진회, 1986)
- Jean Piaget, *Volume I Piaget's Genetic Epistemology 1965~1980*, Academic Press inc, 1981.
- Pinard and Laurendeau, *Volume II Critique of Piaget's Genetic Epistemology 1965-1980*, Academic Press inc, 1981.

2. 단행본

국내 서적

- 과학사상연구회, 『과학과 철학』(통나무, 1999).
- 구만옥, 『조선후기 과학사상사 연구 I』(혜안, 2004).
- 권오영 외, 『혜강 최한기』(청계, 2004).
- 권오영, 『최한기의 사회사상』(일조각, 2001).
- 권오영, 『최한기의 학문과 사상 연구』(집문당, 1999).
- 김석진, 『대산의 천부경』(동방의 빛, 2010)
- 김교빈 외, 『기학의 모험』(도서출판 들녘, 2004).
- 김영식 외, 『과학사』(전파과학사, 20004).
- 김영식 편, 『중국전통문화와 과학』(창작과 비평사, 1994).
- 김용신, 『성리학자 기대승 프로이드를 만나다』(예문서원, 2002).

- 김용정, 『과학과 철학』(범양사, 1996).
- 김용정, 『기』(계간 과학사상, 1997).
- 김용헌 편저, 『혜강 최한기』(예문서원, 2005).
- 김정흠 외, 『세계 자연 과학사 대계 XII』(한국과학기술진흥재단 출판부, 1988).
- 김종욱, 『불교와 철학의 만남』(불교TV, 2007).
- 문계석, 『엔트로피 법칙과 아리스토텔레스의 세계관』(계간 과학사상, 1996).
- 민중서림편집국, 『엣센스 국어사전』(民衆書林, 2008).
- 朴星來, 「韓國 近世의 西歐科學 受容」(『東方學志』 20, 연세대 國學硏究院, 1978).
- 朴鍾鴻, 「崔漢綺의 科學的 哲學思想」(『朴鍾鴻全集』, 형설, 1988).
- 박찬국, 『한의학에서 본 기』(과학사상 제20호, 범양사, 1997).
- 박희병, 『운화와 근대』(돌베개, 2003).
- 서욱수, 『혜강 최한기의 세계인식』(소강, 2005).
- 석정철, 『조선철학사』(조선철학사연구, 도서출판 광주, 1988).
- 성주문화원, 『星州文苑』(성주문화원, 2009), 石愚文集(勸學說, 太極說, 太陽周天), 綺旅文集(遺事).
- 송진웅 외, 『과학과 교재연구 및 지도』(시그마프레스, 2003).
- 신원봉, 『최한기의 철학과 사상』(철학과 현실사, 2000).
- 양승훈 편저, 『물리학과 역사』(청문각, 1996).
- 여상도, 『열역학 개념의 해설』(청문각, 2006)
- 엔트로피를 생각하는 사람들, 『쉽게 읽는 엔트로피』(도서출판 두레, 2001).
- 오진곤, 『서양 과학사』(전파과학사, 1977).
- 李敦寧, 「惠岡 崔漢綺」(창작과 비평 4-3, 1969).
- 이성환 외, 『주역의 과학과 도』(정신세계사, 2005).

- 李佑成,『崔漢綺의 家系와 年表』『柳洪烈博士 回甲紀念論叢』(탐구당, 1971).
- 정성철 외,『조선철학사(상)』(사회과학원 역사연구소편, 이성과 현실사, 1960).
- 정성철,『조선철학사 : 이조편』(좋은 책, 1988).
- 정연태,『과학사의 뒷얘기 Ⅱ』(현대과학신서 14, 전파과학사, 1984).
- 정원우 외,『과학사와 과학철학』(경북대학교 출판부, 2003).
- 정원우,『과학과 인간』(경북대학교 출판부, 2008).
- 최영진 외,『조선말 실학자 최한기의 철학과 사상』(철학과 현실사, 2000).
- 최영진,『역학사상의 철학적 탐구』(성균관대학교 대학원, 1989).
- 최진덕,『혜강 기학의 이중성에 대한 비판적 성찰』(청계, 2000).
- 『崔漢綺의 明南樓集 實學硏究入門』(一湖閣, 1973).
- 한국사상사연구회,『조선유학의 개념들(한국철학총서 20)』(예문서원, 2003).

외국 서적
- 데이비드 린들리, 이덕환 역,『볼츠만의 원자』(승산, 1998).
- 로저 하이필드, 피터 코브니, 이만철 역,『시간의 화살』(범양출판사, 1994).
- 마루야마도기아끼, 박희준 역,『기란 무엇인가』(정신세계사, 2001).
- 미하엘 드리슈너, 채창기 역,『자연철학개론』(전파과학사, 1992).
- 스티븐 F. 메이슨, 박성래 역,『과학의 역사Ⅱ』(까치, 1991).
- 스티븐 스트로가츠, 조현욱 역,『동시성의 과학 싱크』(김영사, 2005).
- 스티븐 존슨, 김한영 역,『미래와 진화의 열쇄 이머전스』(김영사, 2004).
- 스티븐에프메이슨, 박성래 역,『과학의 역사 2』(까치, 1994).
- 쓰치다 아쓰시 외, 김두한 역,『기와 엔트로피』(심산, 2004).
- 야마다 케이지, 김석근 역,『주자의 자연학』(통나무, 1998).

- 에드워드 윌슨, 최재천 외 역, 『지식의 대통합 통섭』(사이언스 북스, 2005).
- 일리야 프리고진, 신국조 역, 『혼돈으로부터의 질서』: 인간과 자연의 새로운 대화, (정음사, 1869).
- 제레미 리프킨, 김명자 · 김건 역, 『엔트로피』(동아출판사, 1992).
- 제레미 리프킨, 이창희 역, 『엔트로피』(세종연구원, 2006).
- 장립문 주편, 김교빈 역, 『기의 철학』(예문서원, 2004).
- 제임스 카빌, 이면우 역, 『과학 기술을 창조한 천재들』(둥지, 1991).
- 제임스 카빌, 최현 역, 『엔트로피』(범우사, 2003).
- 조셉 니덤, 김영식 역, 『중국의 과학과 문명 : 사상적 배경』(까치글방, 2003).
- 존 로지, 정병훈 외 역, 『과학철학의 역사』(도서출판 동연, 2000).
- 토마스 새뮤얼 쿤, 김명자 역, 『과학혁명의 구조』(까치글방, 2002).
- 토마스 새뮤얼 쿤, 주백곤 외, 김학원 역, 『주역산책』(예문서원, 2004).
- 프리초프 카프라, 김동광 역, 『생명의 그물 The Web of Life』(범양사, 1998)
- 프리초프 카프라, 이성범 · 김용정 역, 『현대물리학과 동양사상』(범양사 출판부, 2004).
- 한스 크리스천 폰 베이어, 전대호 역, 『과학과 새로운 언어 정보』(승산, 2007).
- A. N. 화이트헤드, 오영환 역, 『과학과 근대세계』(서광사, 2008).
- Boltzmann, Ludwig[Sitzgsber. Akad. Wiss. Wien. 76(2),373(1877)]
- Clausius, Rudolf[Ann. Phys.,Lpz.94,481(1857)]
- Chang, Raymond, 물리화학교재연구회 역, 『물리화학』(자유아카데미, 2004)
- David Halliday and Robert Resnick, *Fundamental of Physics*, New York, John Wiley & Sons Inc., 1986; 한국어판-김종오 역, 『물리학

총론』, 교학사, 1992.
- Ernst Mach, *Popular Scientific Lectures*, Open Court, La Salle, 1943.
- Ilse M. Fasol-Boltzmann(ed), *Ludwig Boltzmann Principien der Naturfilosofi*, Springer, Berlin, 1990.
- John Blacmore, *Ludwig Boltzmann His later Life and Philosophy*, Kluwer, 1995.

    Ludwig Boltzmann to Franz Brentano, Vienna, November 19, 1903.
- Mason, 김영식 역, 『과학의 역사Ⅱ』, 한울, 1995.
- Motz and Weaver, 차동우 역, 『물리이야기』, 전파과학사, 1992.
- Peter Coveney & Roger Highfield, *Arrow of Time*, Virgin publishing Ltd : London,1990.
- Water J. Moore, *Basic Physical Chemistry*, New York, Prentice-Hall Inc, 1972.

3. 논문

- 강원모, 「최한기의 기화적 인식 체계와 교육관」(교육연구 제19집, 공주대 교육연구소, 2005).
- 권성기, 「중학생의 에너지 개념 변화」(서울대학교 대학원, 1995).
- 권오영, 「21세기의 고전 3. 한국의 전통과 근대, 최한기의 기측체의」(조선 일보, 2007).
- 김교빈, 「기를 통해서 본 고전」(경북대학교 인문학 2008, 콜로키움2 : 21세기 고전을 묻다).
- 김규용, 「과학사적 학습지도」(제주대학교 과학교육 심포지움, 1996).
- 김병규, 「혜강 최한기의 갱장사상 연구」(한국교원대학교 대학원 박사 학위 논문, 1997).

- 김병업, 「자연과 교육에 있어서의 에너지 개념의 지도」(대구교대 논문집, 1973).
- 김용정, 「氣」(계간 과학사상, 1997 봄).
- 김용헌, 「최한기의 서양 과학 수용과 철학 형성」(고려대학교 대학원, 1995).
- 김윤기, 「최한기의 윤리사상 연구」(석사 학위 논문, 한국정신문화연구원, 1992).
- 김철앙, 「최한기의 저서『人政』과 그의 교육사상에 대하여」,『논문집』재일본조선인과학자 협회(사회과학원 출판사, 1964).
- 류해일, 「기와 과학」(정신과학 제 11집 공주대학교 정신과학연구소, 2005).
- 문계석, 「엔트로피 법칙과 아리스토텔레스의 세계관」(계간 과학사상, 1996, 가을).
- 박기순, 「氣의 과학적 접근에 대한 개념의식 조사」(경북대학교 대학원, 2007).
- 박인준, 「환경 위기 극복을 위한 환경관 고찰」(경북대학교 대학원, 2005).
- 박찬국, 「서양철학에서 부분과 전체」(계간 과학사상, 2002, 봄).
- 백수정, 「최한기의 유아교육사상에 관한 연구」(이화여자대학교 대학원, 2003).
- 백은기, 「주자역학연구」(전남대학교 대학원, 1991).
- 서욱수, 「惠岡 崔漢綺의 認識 理論 硏究」(부산대학교 대학원, 2000).
- 송준식, 「惠岡 崔漢綺의 敎育思想 硏究」(한국정신문화연구원, 석사 학위 논문, 1983).
- 신국조, 「산일구조와 자기조직화」(계간 과학사상, 1998, 겨울).
- 양형진, 「과학에서 부분과 전체」(계간 과학사상, 2002, 봄).
- 여인석, 「최한기의 의학」(계간 과학사상, 1999, 가을).
- 위관량·김성하, 「광합성 연구의 과학사를 활용한 수업의 효과」(한국생물

교육학회, 2002).
- 유명종,「기에 대한 문헌학적 고찰」(계간 과학사상, 1997, 봄).
- 유병길, 소하연,「초등학생들의 에너지와 관련한 사전개념 조사」(과학교육연구소 제25집, 2000).
- 윤용택,「패러다임의 전환과 정교화 사이」(계간 과학사상 제1권, 2005).
- 이대성,「혜강 최한기의 기 운화에 관한 연구」(동아대학교 교육대학원, 1994).
- 이우붕,「物乃神 이론」(경북대학교 제720호, 1975).
- 이유석,「惠岡 崔漢綺의 氣一元說 中心의 敎育思想」(전남대학교 대학원, 1997).
- 이종란,「최한기의 인식 이론」(『최한기의 철학과 사상』, 철학과 현실사, 2000).
- 이현구,「기에 대한 철학적 고찰」(계간 과학사상, 1997, 봄).
- 이현구,「최한기 기학의 성립과 체계에 관한 연구」(성균관대학교 대학원, 1996).
- 이현구,「최한기의 기학과 근대과학」(『과학사상』, 범양사, 1999).
- 이현주,「기 개념에 관한 탐색적 연구」(카톨릭상지전문대학 논문집 제27집, 1997).
- 이호연,「혼돈과학이란 무엇인가?」(계간 과학사상 창간호, 1992, 봄).
- 임준환,「惠岡 崔漢綺의 運化的 敎育思想 硏究」(단국대학교 대학원, 1999).
- 전경수,「엔트로피, 부등가 교환, 환경주의 : 문화와 환경의 공진화론」(계간 과학사상, 1992, 가을).
- 조효남,「기에 대한 과학적 접근의 문제」(계간 과학사상, 1997, 봄).
- 최영재,「동양전통과학의 탐구방법론 연구」(경북대학교 대학원, 2006).
- 河春德,「惠岡 崔漢綺의 神氣에 관한 硏究」(동아대학교대학원, 석사학위 논문, 1984)

- 허남진, 「혜강 과학사상의 철학적 기초」, (과학사상연구회, 『과학과 철학』, 통나무, 1999)
- Aloys Muller, 「Ludwig Boltzmann als Philosoph」, *Philosophisches, Jahrbuch*, 20, 1907.
- Andrew Wilson, 「Hertz, Boltzmann, and Wittgenstein Reconsidered」, *Studies in the History and Philosophy of Science*, 20, 1989.
- Ludwig Boltzmann, 「On the Fundamental Principles and Equations of Mechanics」, *Theoretical Physics and Philosophical Problems*, Dordrecht, 1972.
- Ludwig Boltzmann, 「Über die Grundprincipien und Grundgleichungen der Mechanik」, erste Vorlesung, *Clark University Decennial*, Worchester, Mass, 1899.
- S. D'Agostino, 「Boltzmann and Hertz on the Bild-Conception of Physical Theory」, *History of Science*, 28, 1990.

■ 지은이 방경곤(方慶坤) 소개
- 대구교육대학교 졸업
- 대구대학교 대학원 화학과 졸업(이학 석사)
- 경북대학교 대학원 과학교육학과 졸업(교육학 박사)
- 경북대학교 사범대학 부설초등학교 교사
- 대구동문 · 해서 · 신천초등학교 교감
- 대구교육과학연구원 연구사
- 대구광역시달성교육청 장학사
- 대구광역시교육청 장학사, 장학관
- 대구남산초등학교 교장
- 대구서부교육청 초등교육과장
- 대구남부교육청 교육국장
- 대구동성초등학교 교장
- 현재 : 대구범물초등학교 교장. 대구교육대학교 겸임교수
- 저서 : 과학의 꿈, 시약 · 물 그리고 사람
- 논문 : 「수용액 중에서 Macrocyclic Ligand와 Cu_2 금속착물의 분광학적 연구」

　　　　「볼츠만(Boltzmann)과 최한기(崔漢綺)의 물질관 비교 연구」

■ 지은이 문장수(文璋秀) 소개
  ◦ 경북대학교 인문대학 철학과 졸업
  ◦ 경북대학교 인문대학 대학원 철학과 졸업(문학 석사)
  ◦ 프랑스 푸와티에대학 DEA 학위
  ◦ 프랑스 푸와티에대학 철학 박사
  ◦ 필리핀 세부대학 철학과 객원교수
  ◦ 현재 : 경북대학교 인문대학 철학과 교수
  ◦ 저서 :『의미와 진리』(경북대학교 출판부, 2004)
          『논리와 구조』(영한출판사, 2006) 외 다수
  ◦ 논문 :「명제 논리학의 심리학적 구조」외 다수

■ 지은이 이우붕(李愚鵬) 소개
◦ 경북대학교 문리과대학 화학과 졸업
◦ 경북대학교 대학원 화학과 졸업(이학 석사)
◦ 독일 프라이부르크대학교 화학과 졸업(화학 Diplom.)
◦ 오스트리아 그라츠대학교 화학과(연구원)
◦ 독일 담슈타트 공과대학교 유기화학 및 생화학 연구소(공학 박사)
◦ 영국 옥스퍼드대학교 화학연구소(Post doc.)
◦ 미국 루이지애나주립대학교 생화학과(Post doc.)
◦ 미국 오하이오주립대학교 화학과(객원교수)
◦ 현재 : 경북대학교 사범대학 화학과 교수
◦ 전공 : 유기화학 및 생화학, 과학철학
◦ 저서 : 유기화학(2009년, 자유아카데미)외 7권
◦ 논문 : 「Die Selektivitaet von Dihalocarben in Cycloadditionsreaktionen」
         외 70여 편

▲ 강의 책 소개 ……

- 亞山의 周易講義・上 : B5/양장판 563쪽/김병호 강의, 김진규 구성/값38,000원
- 亞山의 周易講義・中 : B5/양장판 496쪽/김병호 강의, 김진규 구성/값28,000원
- 亞山의 周易講義・下 : B5/양장판 469쪽/김병호 강의, 김진규 구성/값28,000원
- 易經 : 포켓용/아산학회편/값7,000원
- 周易 : 포켓용/아산학회편/값10,000원
- 율려와 주역 : 신국판/255쪽/정해임 지음/값10,000원
- 亞山의 詩經講義・上 : B5/양장판 570쪽/김병호 강의, 김진규 구성/값35,000원
- 亞山의 詩經講義・下 : B5/양장판 570쪽/김병호 강의, 김진규 구성/값35,000원
- 亞山의 中庸講義 : B5/382쪽/김병호 강의, 김진규 구성/값13,000원
- 亞山의 大學講義 : B5/231쪽/김병호 강의, 김진규 구성/값9,000원
- 한국전통철학사상 : 신국판/297쪽/김종문・장윤수 지음/값10,000원
- 한국철학사상의 이해 : 신국판/347쪽/안종수 지음/값12,000원
- 혜강 최한기의 세계인식 : 신국판/298쪽/서욱수 지음/값10,000원
- 동양철학의 이해(개정판) : 신국판/302쪽/최승호 외 8인 지음/값10,000원
- 동양철학을 하는 방법 : 135×200㎜/181쪽/이완재 지음/값6,000원
- 동양철학의 흐름(개정판) : 신국판/382쪽/안종수 지음/값13,000원
- 나의 유교읽기 : 신국판/281쪽/최재목 지음/값8,000원
- 유가철학의 이해 : 신국판/232쪽/추 차이・원버거 차이 지음/김용섭 옮김/값9,000원
- 유가의 가르침 : 문고판/219쪽/정한균 지음/값7,000원
- 대진의 맹자읽기(원제: 孟子字義疏證) : 신국판/263쪽/대진(戴震) 지음/임종진・장윤수 옮김/값8,000원
- 인륜과 자유(부제: 중국과 서양 인간관의 충돌과 前途) : 신국판/291쪽/양적(楊適) 지음/정병석 옮김/값9,800원
- 동양철학과 아리스토텔레스(원제 : 四因說演講錄) : 신국판/448쪽/모종삼(牟宗三) 지음/정병석 옮김/값15,000원
- 장자사상의 이해 : 신국판/439쪽/김득만 외 12인 지음/값15,000원
- 노자의 지혜 : 신국판/243쪽/장기균 지음/권광호 옮김/값10,000원

엔트로피와 기
볼츠만과 최한기의 물질관 비교

지은이/방경곤 · 문장수 · 이우붕
펴낸이/김병성
펴낸곳/도서출판 ▲ 강
펴낸날/초판 1쇄 2010. 2. 10
등록일/1995. 2. 9.
등록번호/카2-47
주소/부산광역시 서구 동대신동 2가 289-6번지
전화/(051)247-9106   팩스/(051)248-2176
값10,000원

ⓒ 방경곤, 문장수, 이우붕, 2010
Printed in Busan, Korea

ISBN 978-89-86733-35-8 03130
※잘못된 책은 바꿔드립니다.